"十四五"普通高等教育本科部委级规划教材

服装电脑辅助设计实用教程

南春红 ◎ 编著

U0280100

中国纺织出版社有限公司

内 容 提 要

本书是"十四五"普通高等教育本科部委级规划教材。

本书通过大量的社会实践和调研数据，从服装专业设计实用性及社会需求出发，根据当前服装设计中的实际问题，有针对性地进行分析和总结，进而编写的更新版教材。内容主要以Photoshop和CorelPainter绘画设计软件为依托进行实例讲解，同时作者对设计理念、绘画思维和流行元素进行分析讲评。

本书适合服装设计专业相关院校师生及设计爱好者阅读和参考。

图书在版编目（CIP）数据

服装电脑辅助设计实用教程 / 南春红编著．--北京：中国纺织出版社有限公司，2025．1．--（"十四五"普通高等教育本科部委级规划教材）．--ISBN 978-7-5229-2030-6

Ⅰ．TS941．26

中国国家版本馆 CIP 数据核字第 2024DP3175 号

责任编辑：宗 静 郭 沫 责任校对：高 涵
责任印制：王艳丽

中国纺织出版社有限公司出版发行
地址：北京市朝阳区百子湾东里 A407 号楼 邮政编码：100124
销售电话：010—67004422 传真：010—87155801
http://www.c-textilep.com
中国纺织出版社天猫旗舰店
官方微博 http://weibo.com/2119887771
北京通天印刷有限责任公司印刷 各地新华书店经销
2025 年 1 月第 1 版第 1 次印刷
开本：787×1092 1/16 印张：12
字数：200 千字 定价：68.00 元

前　言

| preface |

　　21世纪是科技高速发展的时代，社会进步和科技发展在改变人类生活的同时，也带来技术和工艺的创新，数码艺术设计这一新的艺术形式便是随着计算机的发展和数字化时代的到来而诞生的，其广泛的影响力已经渗透到各个学科和领域。国内各大服装公司和服装企业对能够熟练操作电脑进行设计的人才有了迫切需求。因此，在当前形势下研究出一套符合时代特征并具有创新性、实践性的数码时装画教学体系是具有现实意义的。

　　高等院校学生通过系统地学习计算机理论知识并进行实践训练，能够熟练地运用网络和多媒体手段进行资料收集；运用计算机辅助手段及信息技术手段进行专业研究和创作，使自身的思维能力、创新能力得到培养，从而适应新时代的发展；能够运用所学知识和技能应对当下服装与服饰设计领域出现的新思潮、新观念，创造性地解决设计理论、设计需求和设计实践中产生的新问题；拥有较强的使用各种计算机软件、工具、表现技法等能力，绘制符合企业生产的服装效果图和服装平面款式图的能力，在充分表达设计思想的同时，适应当今社会科技发展形势对专业技能的新要求。

　　本教材从服装设计的实用角度出发，根据当前服装设计中所涉及的实际问题，有目的、有针对性地进行讲解和示范。书中主要以实例操作为基础，同时植入现代设计语言、理念、绘画思维和流行元素分析等内容，深入浅出地将软件操作和设计理念一体化，使读者更容易理解和掌握电脑辅助在服装设计中应用的精髓。本教材通过调查服装设计所使用的主流软件和当下服装从业人员所需绘制的图纸形式、类别、特点、市场要求等因素，以Photoshop和CorelPainter两种设计软件为依托，根据它们各白的优势和特点分别进行讲解。使用Photoshop软件的章节重点讲解服装效果图与款式图的制作，使用CorelPainter软件的章节重点讲解商业时装画、数字绘画的相关知识。通过学习，学生无论是在成品设计效果图的绘制编辑方面，还是时尚商业插画的绘制方面，都将得到很好的提升。

本教材的大部分内容都是作者从事服装设计教学二十多年教学经验的总结，所列教程和作品多数为原创。在此之前作者曾编写过《数码时装画解析》，本教材的编写是以其为基础，根据当前设计软件版本的更新和设计发展的与时俱进需求进行了固有知识的更新及新内容的加入。此教材在基础理论的编写过程中参阅了有关文献资料和一些网络教程，并得到多方支持。感谢河北师范大学美术与设计学院对作者教学工作的支持和肯定，感谢"穿针引线"服装设计论坛给予的资料帮助。另外，书中一些示例图片来自河北师范大学美术与设计学院服装与服饰设计专业学生的课堂练习作业，这几位同学是付爽、杨一岚、郑嘉琳、陈心怡、张雨桐、史佳宁，在这里也对这些同学的支持表示感谢！

南春红

2024 年 7 月

服装电脑辅助设计课程教学内容及课时安排

章/课时	课程性质/课时	节	课程内容
第一章 （2课时）	基础理论 （2课时）		**服装电脑辅助设计表现概述**
		一	服装电脑辅助设计表现的基础常识
		二	电脑绘图常用软件和硬件配置
		三	设计类软件学习的基本概念
第二章 （24课时）	实践应用 （40课时）		**使用Photoshop绘制服装效果图**
		一	服装画与服装效果图概念
		二	Photoshop的基本操作界面介绍
		三	Photoshop工具栏工具应用与实践
		四	服装人物的绘制方法及要点
		五	使用Photoshop绘制服装效果图的方法和步骤
		六	使用Photoshop滤镜制作服装面料的方法
		七	使用人体模型绘制系列服装设计效果图
第三章 （16课时）			**使用CorelPainter绘制时尚插画**
		一	CorelPainter的基本操作界面介绍
		二	时装画常用笔刷及绘制效果实例
第四章 （2课时）	作品赏析 （2课时）		**电脑时装画临摹与欣赏**
		一	时装画人物头像
		二	时装插画
		三	时装画表现

注 各院校可根据自身的教学特点和教学计划对课程时数进行调整。

目 录

| Contents |

|实践应用|

第三章 使用CorelPainter绘制时尚插画

|作品赏析|

第四章 电脑时装画临摹与欣赏

基础理论

| 第一章 |

服装电脑辅助设计表现概述

课题名称：服装电脑辅助设计表现概述

课题内容：1.服装电脑辅助设计表现的基础常识

2.电脑绘图常用软件和硬件配置

3.设计类软件学习的基本概念

课题时间：2课时

教学目的：了解电脑设计的基础知识

教学要求：教师PPT理论讲解

课前课后准备：课前要求学生准备好上课使用的电脑，课后复习课堂理论知识，准备好课程所需的其他软硬件设备。

第一节　服装电脑辅助设计表现的基础常识

当前，电脑辅助设计已经成为设计专业的必备技能。初学服装电脑辅助设计的学生对于如何开始学习或从哪里入手学习比较困惑，其实这些看起来比较复杂的事情并不是自己想的那样难以操作，解决问题的关键是需要将想法付诸实践。任何学习都是一个由易到难、由简单到复杂的过程。它需要一个循序渐进的过程，不能一蹴而就。下面以服装电脑辅助设计需要从哪里入手及应该注意的问题为开始进行讲解。

一、安装必要的设计软件

我们需要在电脑中准备安装一些必要的设计软件。例如，Photoshop或者CorelPainter、CorelDraw等，这些都是业内目前比较流行的平面类设计软件，其中Photoshop是一个比较容易上手又拥有强大编辑功能的普及性软件。在服装企业中利用率最高，一般在学习之初可以从这个软件先来入手。

二、从最简单开始学习

学习软件其实没必要过分担心它的复杂性，因为根据专业特性的不同，并不一定要掌握每个软件所有的功能和选项。开始的时候只要从最简单的操作入手就可以了，如学习建立一个新的文件，导入一张新的图片，做一些简单的编辑等。随着学习的深入，所掌握的技能必然会呈现阶梯式上升。

三、要具备美术设计基础

对于学习设计的人来讲，还是要具备一定的美术和设计基础。如果这方面能力欠缺，必须通过系统的专业学习来进行提高，仅仅依靠软件本身的功能通常不能完全弥补美术和设计方面的差距。

很多人对电脑辅助设计的初始概念，是认为电脑程序员们为我们开发了可以自动绘画和设计的软件，只需要一两个命令就可以画出漂亮的设计图纸了，个人的设计基础并不重要。这种想法俨然是不正确的，因为目前确实没有这样神奇的软件，即便未来对软件方面有所开发也只能应对相对低端的设计，如"批处理"类的基础工作。因为设计工作本身是需要有创意的，流水线般的重复工作会令设计变得毫无趣味，更不能引起消费者的任何兴趣和购买意愿。另外，绘画与设计本身就是具有独创性、个性化的产物，绝不是操作几个简单的电脑按键和指令就可以成就的，设计需要设计师的灵感和艺术发挥，是具有情感特征的创意作品，是不能完全靠机械化完成的，所以，在学习电脑设计时还是要注意加强自身艺术审美和手绘基本功的训练。

1. 加强素描和速写训练

素描和速写是不能不练的。例如学习服装画，第一就是要有基本造型能力，造型不准确，就无法在此基础上去做其他的创新和改变。速写能力则是设计师记录日常灵感的首选方式，它是将自己头脑一闪而过的设计思维进行记录保存，以便之后进一步深入的学习方法。在日常教学中常常看到一些学习者完全不具备任何绘画和造型能力，又不肯付出辛苦去进行学习，只一味地追寻捷径，希望电脑可以取代一切，片面追求速成的方法。与此相呼应的是社会上出现了一批以赚钱为目的的速成培训班，打出"零基础"的广告语，这样的学习最终效果如同流水线上机械复制的一样，作品通常毫无新意和情感，完全是套路化的拼贴和复制，更不要说作品具有自己的独特风格了。时间一久，学员就会发现自己的作品根本无法在众多千篇一律的设计图中胜出，因为这些"套路版"的东西你学得会，别人也学得会，这种"快餐式"教育虽然可以速成，但却无法保证设计能力的长久不败。要想在设计行业拥有自己的一席之地，还是需要用知识来武装自己。

2. 需要拥有色彩知识

要知道一个完全不懂色彩的设计师是设计不出美好的服装作品的，好的服装设计师对服装色彩需要有敏锐的时尚感和搭配能力。在服装设计中要有美好的色彩表现能力，需要有一定的色彩知识体系，比如色彩搭配、流行色彩预测与采集、手绘调色的使用等，如果绘画色彩掌握不好换用电脑设计的电子色彩依然会不知如何选择。所以要多学、多看、多翻阅优秀设计师手稿，不断提高自己的能力，在实践中提升自己。

第二节　电脑绘图常用软件和硬件配置

服装电脑辅助设计并不是一定需要特别高档的配置，它不同于三维绘画需要很高端的电脑设备来保证软件的流畅运行和渲染速度，只要是市场上通用型品牌计算机就可以达到要求。如果经济条件允许，当然是内存大一点，显示效果好一点，显卡、主板性能优秀的比较好。一般常用的设备如下。

一、计算机主机+显示器+键盘+鼠标+数位绘图板

如果有固定的办公或学习空间，可以选用市面上比较常规的品牌台式计算机主机搭配大屏幕显示器。设计类的计算机通常配置比较高端，对内存和显卡都有一定的要求，价格比较昂贵。但好在服装设计的图稿比其他类别的设计都相对简单些，文件尺寸也都

比较小，所以普通中端的计算机设备也就基本可以了。在购买设备时如果对于电脑硬件比较精通的人员可以自己攒机使用。自己攒机可以使用较低的价格配备性价比更好的电脑设备，但如果本身对电脑硬件不了解还是使用品牌机比较好，售后服务比较到位，省去不少维修养护的麻烦。

二、扫描仪（数码相机）+打印机

扫描仪（数码相机）属于输入设备，打印机则属于输出设备。通常，品牌类的扫描仪和打印设备就可以，主要用于图纸输入和输出，对于学习软件的影响不大，经济实用就好。

三、笔记本、平板电脑与ipad

笔记本电脑的优势是比较方便携带，适合在校学生使用，方便上课和回宿舍做作业。平板电脑也叫便携式电脑（Tablet Personal Computer，Tablet PC），是一种更小且方便携带的个人电脑，以触摸屏作为基本的输入设备。iPad是苹果公司生产的平板电脑，用它画画最大的好处就是体积小、色彩显示优于其他品牌，随身携带非常方便，植入的几款小巧的绘图软件比起传统电脑绘画软件更好操作，方便创意记录。但上述的便携式设备明显都不适合做复杂的设计图纸，内存和色彩显示等方面比起专业图形工作站差的还是太多。

四、数位绘图板

数位绘图板目前市面上也是有诸多品牌，基于多年的教学经验和学生使用设备的体验，还是推荐使用Wacom品牌。通过实际测评Wacom品牌确实比其他品牌好用。至于买哪一个系列要看大家的经济状况，一般学生级别使用的价格在几百元到两千元不等。

第三节　设计类软件学习的基本概念

一、基本概念

在学习之初要了解常用的几个软件以及它们各自的属性和特长，方便针对不同的设计需要进行选择和实践。

在一般的设计软件学习过程中我们都会打开或使用一些基本图形图像。在对这些图形图像的编辑过程中会遇到一些常见的名词，这些是我们要学到的内容。

1. 像素

图像元素（Pixel）是组成图像的最基本单元，它是一个小方形的颜色块。这些小方块都有一个明确的位置和被分配的色彩数值，小方格颜色和位置就决定该图像所呈现出来的样子。每一个点阵图像都包含了一定量的像素，这些像素决定图像在屏幕上所呈现的大小。

2. 图像分辨率

图像分辨率即单位面积内像素的多少。分辨率越高，像素越多，图像的信息量越大。分辨率的单位为PPI(Pixels Per Inch)，如300PPI表示该图像每平方英寸含有300×300个像素。图像分辨率和图像尺寸的值决定了文件的大小及输出质量，分辨率越高，图像越清晰，所产生的文件也越大。图像分辨率成为图像品质和文件大小之间的代名词。如果是用来印刷的图像，其分辨率一定要大于等于120像素/厘米，即300像素/英寸。

3. 点阵图

点阵图又称像素图，即图像由一个个的颜色方格所组成，与分辨率有关，单位面积内像素越多，分辨率越高，图像的效果越好。点阵图是由很多像素组成的。它的概念主要是相对于矢量图而言。用于显示一般图像分辨率为72PPI；用于印刷的图像分辨率一般不低于300PPI。

4. 矢量图

矢量图也称为面向对象的图像或绘图图像（向量），在数学上定义为一系列由线连接的点，是由数学方式描述的曲线组成，其基本组成单元为锚点和路径。在平面设计软件中Coreldraw、illustrator、FreeHand等软件绘制图都基本属于这一类型，它的特点是放大后图像不会失真，和分辨率无关，适用于图形设计、文字设计和一些标志设计、版式设计等。

5. 设备分辨率

设备分辨率（Device Resolution）又称输出分辨率，是指各类输出设备每英寸上所代表的像素点数，单位为DPI（Dots Per Inch）。与图像分辨率不同的是，图像分辨率可更改，而设备分辨率不可更改，如常见的扫描仪。

6. 位分辨率

位分辨率（Bit Resolution）又称位深或颜色深度，用来衡量每个像素存储的颜色位数，决定在图像中存放多少颜色信息。所谓"位"，实际上是指"2"的平方次数。

7. 颜色模式

颜色模式是用于显示和打印图像的颜色模型。常用的有RGB、CMYK、LAB、灰度模式等。其中RGB模式在设计软件中使用最为广泛。

（1）RGB颜色模式. RGB色彩模式是工业界的一种颜色标准，运用色光混合原理，属于色彩的正混合，混合次数越多，越呈现出明亮的白色光。RGB颜色模式就是通过对红(Red)、绿(Green)、蓝(Blue)三个颜色通道的变化以及它们相互之间的叠加来得到各式各样的颜色。目前的显示器大都是采用了RGB颜色标准。

（2）CMYK颜色模式. CMYK代表印刷上用的四种颜色，C代表青色（Cyan），M代表洋红色（Magenta），Y代表黄色（Yellow），K代表黑色（Black）。CMYK颜色模式属于减色混合模式，也叫色彩的负混合模式，即混合的次数越多，越呈现出含糊不清的黑灰色。实际应用中，青色、洋红色和黄色很难叠加形成真正的黑色，最多不过是褐色而已。因此才引入了K——黑色。黑色的作用是强化暗调，加深暗部色彩（图1-1）。由此就衍变出了适合印刷的CMYK色彩模式。

图1-1

8. 文件格式

文件格式也称文件类型，是指电脑为了存储信息而使用的对信息的特殊编码方式，是用于识别内部储存的资料。比如有的是用于储存图片，有的是用于储存程序，有的是用于储存文字信息。Photoshop默认的文件格式为PSD格式，可以最大限度地保留颜色信息、图层通道等文件信息；网页上常用的有PNG、JPEG、GIF 等，这些文件储存信息较小，主要以观看为主；通常图片类出版印刷中常用的为PSD、TIFF这类信息保存完整，方便进行再次编辑的文件格式。Photoshop软件支持的图像格式是比较多的，多数设计类软件都与它兼容。如果要在Photoshop中打开一些矢量软件制作的图，还是需要转存一下其他格式才可以在Photoshop里进行编辑。

二、常用绘图软件

一般来说，平面电脑设计中软件主要分为两大类。一类是位图类的软件，主要有Photoshop、Photo-Painter、PhotoImpact、PaintShopPro、CorelPainter等。制作出来的图存储结果属于位图性质。另一类属于矢量图（向量）软件，常见的创作软件有illustrator、CorelDraw。这些软件创作出的图像属于矢量图。上述这些软件的应用领域主要为平面设计、网页设计、数码暗房、效果图后期处理以及影像创意等。而当前服装设计和时尚品设计行业常用的软件，除专用的一些服装CAD和箱包类、首饰类专用CAD软件外，大多数设计公司基本上是使用上述的几款平面设计软件。原因是专业类的CAD软件开发尚不成熟，行业普及率低，通用性不够，相互交流比较困难。因此本书的主要内容是围绕通用类位图设计软件Photoshop和CorelPainter进行讲解。分别介绍如何使用位图软件Photoshop和 CorelPainter 绘制服装设计效果图及时尚类商业设计插画。

本章小结

- 学习服装电脑辅助设计需要对当前设计类软件有一个全面的了解。
- 服装电脑辅助设计是以扎实的手绘训练和美学知识的系统学习为基础的。
- 电脑辅助设计常用的硬件配置。
- 电脑辅助设计的基本常识。

·☆· 思考题

1. 当前主流的设计类软件都有哪些？它们之间的主要区别是什么？

2. 在学习电脑辅助设计之前都需要做哪些准备？软硬件配置应该注意哪些问题？

3. 设计类软件常用文件格式都有哪些？它们的区别和优势都是什么？

实践应用

| 第二章 |

使用Photoshop绘制服装效果图

课题名称：使用Photoshop绘制服装效果图

课题内容：1.服装画与服装效果图概念

2.Photoshop的基本操作界面介绍

3.Photoshop工具栏工具应用与实践

4.服装人物的绘制方法及要点

5.使用Photoshop绘制服装效果图的方法和步骤

6.使用Photoshop滤镜制作服装面料的方法

7.使用人体模型绘制系列服装设计效果图

课题时间：24课时

教学目的：了解Photoshop绘制服装设计图的基本方法与操作

教学要求：教师PPT理论讲解+实例操作

课前课后准备：提前做好课堂练习素材的准备工作，课前要求学生
提前预习下一章节的内容；复习课堂理论知识，完
成课后练习作业。

第一节　服装画与服装效果图概念

在进行服装款式设计时，一般是使用服装效果图这种专业性的图来表达的（图2-1、图2-2），但一些服装展览会或报纸、书刊、时尚杂志中也经常会有一些表达时尚内容的插图和手稿，由此诞生了另一种单独的职业——时尚插画师。这些看似相似却又风格不同的图之间到底是一种什么样的关系？它们的区别在哪里？下面就来讲解一下。

图2-1
作者：付爽

一、时装画

时装画是以服装为载体的绘画表现形式，是运用绘画艺术语言针对服装和服装穿着效果的具体表现。它是服装设计构成中重要的表达手段，也是传递时尚信息的重要媒介之一。其表现风格和表现形式多种多样、千变万化。

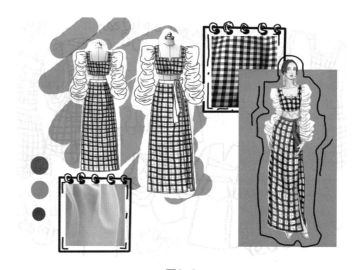

图2-2
作者：杨一岚

从表达手法上有水彩、水粉、马克笔、彩色铅笔、色粉笔、钢笔、剪贴、计算机辅助绘图等。时装画是一种既有实用价值又有艺术价值的设计绘画种类，对时尚概念和大众服装审美有着积极的推动作用。它主要包括服装效果图、时尚插图、商业广告画等几个方面的内容。

二、服装效果图

　　服装效果图（Fashion Sketch）的创作，是指服装设计师将服装设计的构思以准确清晰的线条和色彩落实到纸面上，从而将服装最初的可视形象呈现出来。与时装画的概念相比较，服装效果图更强调设计上的结构变化，注重服装着装的具体形态和细节描画，方便工艺师和打板师根据图进行服装的打板和裁剪。因此服装效果图通常绘制比较规范，要求人物比例不要夸张太多，基本遵循"所见即所得"规范（图2-3）。并且在绘制中尽量将领型、袖型、长短比例、设计细节表达清楚。在服装企业的设计图中，一般都会选择以服装效果图的形式提交设计作品。

图2-3
作者：张雨桐

三、时装插图与广告画

　　时装插图与广告画是时尚艺术的一种平面设计表达方式，主要用于报纸、杂志、书籍、广告等领域。其风格和表现技法具有多样性和装饰性特点，其设计重点是运用作者独特的绘制风格吸引读者的视线，达到视觉传播目的。时装插图不一定要完整地表达服装的所有款式内容和结构细节，甚至可以采取部分省略或夸张的手法，比如大面积留空白等，以此来表达特定的情感意境和视觉氛围。其创作更强调思想文化内涵和丰富的艺术表现力。

四、时装画常用人体比例

　　时装人体是指那些形象和身材符合一个特定时代的审美，并拥有完美身材比例的模特人体。米开朗琪罗曾经制作9个、10个乃至12个头长的人体，以获得在自然中找不到的理想人体。他认为这些人体符合他对理想人体审美的愿望。其实时装人体的比例并不是一个固定值，它一直都在伴随人们不同时期的审美标准而不断变化。例如，19世纪20年代流行丰满妖娆的身材，时装人体比例控制在8~8.5头身；19世纪90年代流行纤瘦的平板身材，时装人体比例一般控制在8.5~9.5头身（图2-4）；到了20世纪流行健美高挑的身材，一般时装人体比例为9~12头身等。

　　综上所述，我们基本了解了服装设计中几种图的大致区别和它们各自的专属特点。在服装设计图绘制中，应该根据图的不同用途来设定它的表现方式。

　　在进行服装设计图创作中离不开人体的绘制和使用。因此，要求先按照时装设计人物比例绘制一些时装人体，并将这些人体图稿扫描进计算机做成电脑辅助设计人体素材备用。

　　除了时装人体绘制外，还需要准备一些专业图案、面料、花边、蕾丝、服装辅料的图片素材。有了这些准备就可以进入设计软件的学习了。下面学习的设计软件是Photoshop。

图2-4

第二节　Photoshop的基本操作界面介绍

　　Photoshop是Adobe公司开发的一个跨平台的平面图像处理软件，是专业设计人员的首选。自从Adobe公司推出Photoshop1.0后，二十多年不断推陈出新，目前较新的版本应该是 Photoshop2023。无论从软件的合理性、方便性和设计舒适感上都优于其他版本。目前，学习服装电脑辅助设计除了要绘制服装效果图外，还需要学会制作产品手册、宣传海报及标志、吊牌、VIP卡设计等。Photoshop可以有效地将图形、照片、色彩、创意等进行组合并最终编辑成册，是个非常方便又好用的软件。无论在国外还是国内它的用户都远远高于其他设计类软件。与其他设计软件相比较笔者认为它更突出的优点在于强大的编辑、修图和图文混排功能。

首先认识Photoshop的界面、工具、菜单和浮动面板。

一、Photoshop的界面与工作区

Photoshop的界面和工作区主要由菜单栏、工具属性栏、工具箱、工作区、浮动调板、状态栏等组成（图2-5）。

图2-5

二、菜单栏与工具属性选项栏

Photoshop的菜单栏主要包括文件、编辑、图像、图层、文字、选择、滤镜、3D、视图、窗口和帮助等菜单（图2-6）。对于服装设计，其中的3D菜单基本上很少使用。在软件学习之初，通常会先学习常用功能，之后再逐渐深入，直至完全掌握。

图2-6

1. 工具属性选项栏

工具属性栏里面的内容随着使用的工具不同选项栏上的设置项目也不同。一般在选择使用工具箱里的任何一个工具时都需要先观察一下这个工具选项栏，看是否有需要更改的参数，方便设计出预想的效果。

2. 工具箱

Photoshop的工具栏中大约有60多种工具可以提供给大家使用。凡是工具下有三角标记的即表示该工具下还有其他类似的工具（图2-7）。在2019~2020版本的Photoshop中随着工具的不断增多，在工具箱的末尾处设置了隐藏附加工具箱，点开隐藏工具时会出现新的下拉工具模块。此模块中包含着一部分不常用的工具和旧版当中出现的一些工具，方便不同使用需要的用户选择使用。如果需要添加和替换现有工具，可使用鼠标左键点击"附加工具箱"，然后使用编辑工具面板，将需要的工具拖拉至主工具条某类似工具的槽中则可增补到相应的工具槽位中成为快捷工具。当选择使用某工具时，菜单下的工具属性选项栏则列出该工具的各种可调节和不可调节选项。在使用工具箱的工具时，除使用鼠标点选工具进行选择外，还可以按键盘上工具提示的快捷键来使用该工具。

3. Photoshop工具栏常用快捷键

矩形、椭圆形选框工具【M】，裁剪工具【C】，移动工具【V】，套索、多边形套索、磁性套索【L】，魔棒工具【W】，喷枪工具【J】，画笔工具【B】，橡皮图章、图案图章【S】，历史记录画笔工具【Y】，橡皮擦工具【E】，铅笔、直线工具【N】，模糊、锐化、涂抹工具【R】，减淡、加深、海绵工具【O】，钢笔、自由钢笔、磁性钢笔【P】，添加锚点工具【+】，删除锚点工具【-】，直接选取工具【A】，文字、文字蒙版、直排文字、直排文字蒙版【T】，度量工具【U】，直线渐变、径向渐变、对称渐变、角度渐变、菱形渐变【G】，油漆桶工具【K】，吸管、颜色取样器【I】，抓手工具【H】，缩放工具【Z】，默认前景色和背景色【D】，切换前景色和背景色【X】，切换标准模式和快速蒙版模式【Q】，标准屏幕模式、带有菜单栏的全屏模式、全屏模式【F】，临时使用移动工具【Ctrl】（图2-8）。

图2-7

（a）Photoshop菜单与工具属性栏

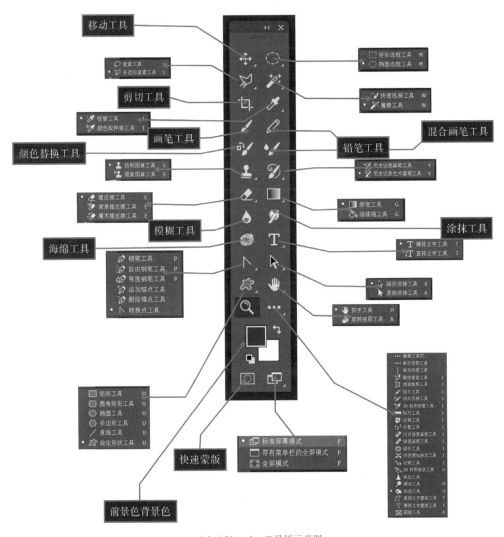

（b）Photoshop工具栏示意图

图2-8

　　注　右侧有下拉三角的工具点开都会有隐藏工具。新版的Photoshop右下侧符号下拉三角中隐藏着旧版中一些不常用的附加工具，可根据自身设计需要对工具栏中的工具进行替换，方法为：鼠标点击"编辑工具栏"后将附加工具拖拽至想要替换的工具槽中。

三、屏幕显示和工作区的设定

按【F】键可以切换屏幕模式（标准屏幕模式、带有菜单栏的全屏模式、全屏模式），同时还可以选取自己喜欢的工作区样式。工作区的底色是可以自定义的，只需右键在空白处点击就可出现更换色彩对话框。因此，Photoshop完全可以实现个性化的工作区设置，可以说大大满足了设计师对不同创作界面色彩及空间的需求，大家可以尝试设定一下，建立一个专属自己的工作界面。

1. 状态栏

状态栏一般在文件左下角，包含四个部分，分别为图像显示比例、文件大小、浮动菜单按钮及工具提示栏（图2-9）。

2. 浮动调板

浮动调板又叫作浮动面板、浮动窗口，可在窗口菜中显示各种调板，例如色彩调板、笔刷调板、图层、通道、路径、历史记录等。可以随时关闭浮动调板以节省工作区空间（图2-10、图2-11）。

3. 工作区的设定

打开工作区的设定选项，通过观察可以发现软件设计了多种工作性质的工作区，包含3D、摄影、排版、绘画等，这些都是针对不同用户的最佳配置。对进行绘画设计的用户来说，选择"绘画"这个工作区模式无疑是最合适的（图2-12）。

只要设置为绘画模式的工作区，系统就会自动将取色器、色彩集、画笔调节面板、图层、通道、路径组合面板这些绘画时的常用浮动调板放置在工作区的右侧，如果觉得功能不足以满足需要还可以自行从窗口拖拽出其他浮动面板。

图2-9

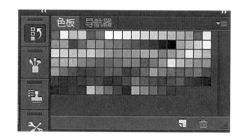

图2-10

图2-11

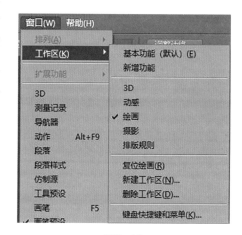

图2-12

一般情况下绘制设计图时尽量将工作区界面设置得干净整洁一些，那些极少调用的浮动面板尽量先隐藏起来（图2-13）。因为干净整洁的工作区将会提高画图的视觉体验，有利于图稿的放置和编排。将工作区按个人爱好设计整理好以后，就可以开始正式学习工具栏中工具的使用了。

图2-13

第三节　Photoshop工具栏工具应用与实践

启动 Photoshop 时"工具箱"面板通常情况下将显示在屏幕左侧。2015版推出之后大家了解各种 Photoshop 工具的使用方法比以往任何一个版本都更容易。因为只要将鼠标指针悬停在"工具"面板中某些工具的上方，系统就会自动显示出相关工具的描述和使用方式的简短视频。这是新版添加的学习功能（图2-14）。

图2-14

一、移动工具

工具栏第一项为移动工具，其主要作用就是移动画面。例如做一个图片的局部移动：

（1）使用"矩形选框工具"选取画面的局部（图2-15）。

（2）使用移动工具时配合【ALT】键拉动鼠标则可以移动复制出一个一样的画面（图2-16）。

图2-15   图2-16

二、几何形选取工具

几何形选取工具主要包括："矩形选框工具""椭圆选框工具""单行选框工具""单列选框工具"（图2-17）。使用此工具进行画面的选取，可作出矩形、圆形、椭圆形等几何形选区。同时也方便作出平行线和垂直线方向的单行、单列选区。下面使用矩形选框工具作一个图例。

图2-17

（1）在使用矩形选框工具时配合工具选项栏的各种交互方式选择"单独""相加""相减""透叠""减缺"等方式（图2-18）。

由图2-19到图2-20的效果用的是矩形选框工具，选择属性栏"相加""相减"结合作出背景选区，然后使用渐变填充工具进行背景色彩填充，完成背景墙。如果希望背景的色块尺寸是比较规则的方块，还可以提前拉出标尺工具先作出辅助线，再进行图框选取。

图2-18

图2-19　　　　　　　　　　　图2-20

（2）在做选区时还可以适当调节羽化值，做出的选区效果就会产生羽化边缘，效果更柔和。如图2-21所示，使用椭圆选框工具时就设置了羽化值为"20像素"。将选区拷贝粘贴到另一个画面上，可以看到选区的边缘有一定的柔化效果，并不是整齐的边界（图2-22、图2-23）。

图2-21

图2-22　　　　　　　　　　　图2-23

三、套索工具

套索工具框可展开为"多边形套索工具""套索工具""磁性套索工具"。此工具框的工具主要用于各种形状和外轮廓线的选择选取，并通过配合完成选区面料填充（图2-24）。

图2-24

1. 套索工具

套索工具是一种相对自由的选取形式，对于拥有数位绘图板和绘图笔的设计者是一种比较好的自由曲线选取形式。

2. 多边形套索工具

多边形套索工具是一种通过节点和节点的连接方式进行选取的工具。对于边缘比较复杂的图形方便进行定点选取。

3. 磁性套索工具

磁性套索工具可以如磁铁般贴合图形边缘进行选取，但对于边缘有锯齿或过于模糊的图形则有选取不够确切的缺陷，容易产生跳跃。

以上三种选取方式都可以配合工具选项栏里面的各调节选项来修改选取细节，如"相加""相减""透叠""减缺""羽化值"等。

4. 套索工具具体操作实例

使用多边形套索和套索工具制作填充选区，并在服装效果图中为服装填充面料。

（1）打开一张线稿（图2-25），然后使用多边形套索工具选取部分裙子的边缘（图2-26）。

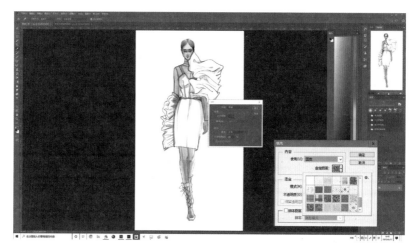

图2-25

（2）准备要填充的面料素材（图2-27），然后分别将面料自定义图案保存到图案库中。

（3）点击菜单"编辑"→"填充"→"填充图案"，找到定义好的图案后选择"确定"，图案就填充进去了，

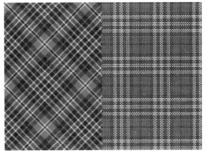

图2-26 图2-27

一般最新自定义的图案会在图案库最后一项（图2-28）。

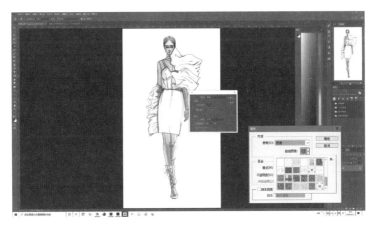

图2-28

（4）面料最终填充效果如图2-29所示。通过几种套索工具的学习，我们需要掌握这几种选取工具的使用方法，根据设计图纸的实际情况学会将一些花型、图案、面料填充到图中选定的范围内。

图2-29

四、魔棒工具

魔棒工具是一种非常快捷的选取工具，适合选取背景色彩较为单纯的图。例如，仍旧使用图2-25为底稿，在图纸上使用魔棒工具对人物裙子实施点选。点击魔棒工具时工具选项栏需要选择"相加"选项，可以通过多次点击画面得到更大的选取范围。点击几次后，将裙子全选，使用菜单"编辑→填充→填充前景色（黑色）"，填充色彩透明度可以调到80％，保持半透明，得到如图2-30所示的填充效果。

图2-30

五、剪切工具

剪切工具类似于一把"剪刀"，是一种方便的切割工具，通常可以用来制作出版物的图片剪贴编辑工作（图2-31）。虽然在绘制服装画时较少用到这个工具，但制作画册和作品集时，它却是个非常有用的工具。图2-32所示为使用剪切工具编辑前后的效果。

图2-31

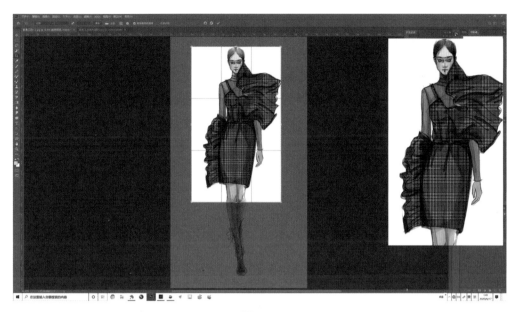

图2-32

六、吸管工具

吸管工具是方便拾取已有面料或素材上的色彩的工具，我们经常使用它来进行色彩采集工作（图2-33）。使用吸管工具点击吸取扎染面料的蓝色区域，可以发现工具栏的前景色已变成和吸取的位置同样的蓝色，这说明已经采集到了"扎染蓝"（图2-34）。在绘制效果图时可以使用吸管工具很方便地把素材中的一些难以调配出的色彩以吸取的方式进行提取。另外，吸管工具还可配合其他工具使用，如在一些图片的效果调节里发挥吸色和提取色值的作用。

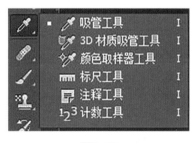

图2-33

吸取完颜色后就可以使用选取工具选取一定范围，做填色制作。选择菜单"编辑→填充→填充前景色"（图2-35）。如图2-36所示中服装的袖子就被填入了与扎染布相同的蓝色。所以简单理解吸管工具其实就是一个"拾色器"，利用这个"拾色器"可以将已有素材上的各种色彩进行提取。

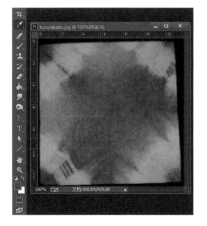

图2-34

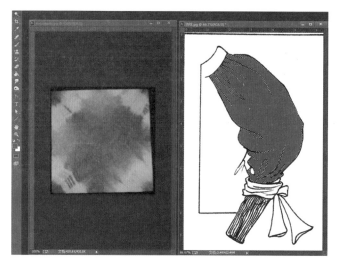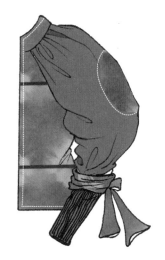

图2-35   图2-36

七、修复工具和修补工具

1. 修复画笔工具

（1）修复画笔工具使用方法：在按住【Alt】键之后选取画面的一个修补源，然后在需要修补的地方来回涂抹画笔即可使用修补源的图形和色彩在新的位置进行修补。

（2）修复画笔工具实例操作：首先打开要修复的图片，选择修复画笔工具，按住【Alt】键，点选人物头部的花朵（图上虚线圈画位置）锁定修补源（图2-37），然后在

图2-37

人物服装需要填补图案的地方来回涂抹，此处就出现一个和所选取的位置一样的花朵。停笔的时候花朵色泽就会自然地晕染到当前服装需要补图案的位置。用此种修补方式做出的图案会比直接拷贝粘贴的要自然柔和得多，因为它有一个逐渐晕化进去的效果（图2-38）。

图2-38

所以，通常可以利用修复画笔工具选择多个修补源，将原本在不同位置上的花型图案修补在服装任何需要填充修补的位置。只要重复上述选择修补源的方法，完全可以做出层次丰富颜色衔接自然柔和的图案修复效果。

2. 修补工具

修补工具与修复画笔工具的功能类似，但它是一个可以先制作好选区的修补工具。先直接在画面需要修补的地方作一个椭圆形选区（图2-39）。然后使用修补工具将椭圆选区拖拽到"修补源"的位置上，即人物的上半身位置。接下来很神奇的事情就发生了，人物的上半身图形被修补在画面刚才做好的选框内，同时色彩上对背景的白色做了一个交叠渐隐的效果（图2-40）。之所以会出现这样的效果，是因为Photoshop的修补工具其实是用来修补照片瑕疵的，如斑点或漏洞等，使用这个融合效果会令图片看不出来修补痕迹。

在白纸上修补效果略显发白，边缘自然融入白背景

在有彩色（紫色）背景的画面上修补会与背景色自然融合，画面带有些许背景色色调

图2-39

图2-40

八、画笔工具与铅笔工具

1. 画笔工具

画笔工具是用于数码绘画的主要工具，使用时必须配合画笔选项面板一起使用（图2-41）。在画笔选项面板里可以选择和调节画笔的各种数值并选择各种画笔变量（图2-42、图2-43），比如笔尖形状、压力、透明度、随机抖动数值等，形成丰富的绘画效果（图2-44）。

2. 铅笔工具

铅笔工具不同于画笔工具，它是单独的画笔种类，画出的线条模拟真实铅笔效果，比普通画

图2-41

图2-42

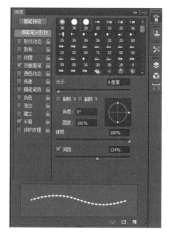

图2-43

图2-44

笔的线条要硬朗一些，适合画均匀的线条，描线边缘比较整齐，但缺点是线条的弹性略弱，整体线条风格有些死板单调，具体效果如图2-45所示。

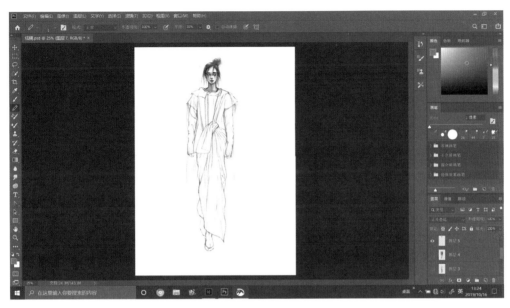

图2-45

九、替换色彩工具

1. 替换色彩工具

用替换色彩工具可以将在其他任意位置的色彩替换到已着色的效果图上。在实际的服装设计中经常会遇到同一个款式要做若干个套色的情况，在这种情况下如果能够在固定款式上进行色彩更换无疑会大大提高服装的设计效率，节省更多的修改时间。使用替换色彩工具还可以根据客户提供的面料进行设计图的色彩更换。

2. 替换色彩工具操作实例

（1）先将客户提供的面料色卡放置于图的右边（图2-46）。

（2）在工具箱中选择颜色替换工具，然后按住【Alt】键，此刻光标会变成一个吸管的形状，用此"吸管"在客户提供的面料色卡上点击一下会发现工具栏前景色变成了客户提供面料的红色。这也正是吸管工具的主要用途，它

图2-46

可以很方便地对任何图片色彩进行色彩的采集，确保色彩准确（图2-47）。

（3）在需要替换色彩的部分做一个选区，具体选取工具根据实际情况选择。选区做好后，就可以使用颜色替换工具（画笔）进行服装上的色彩替换。

（4）此时使用替换色彩工具在选区内来回刷几下，就会发现原来的墨蓝色裙子已经被替换为红色的裙子（图2-48）。

一定有人会比较疑惑，既然已经作了选区为何不直接使用填充工具进行颜色填充，还要用这个颜色替换工具进行修改，这不是太麻烦了吗？其实直接填充色彩和色彩替换

图2-47

是两个完全不同的概念。仔细观察一下使用填充工具和使用替换工具制作色彩效果就会明白了。如图2-49所示，如果用普通的颜色填充方式填充红色，上色会非常均匀，原来绘制的明暗效果就会被覆盖住，失去了之前绘制的皱褶、明暗及光泽。但如果使用的是替换色彩工具进行颜色替换，那么替换完的色彩还是会保留着原来效果图的明暗和皱褶效果。

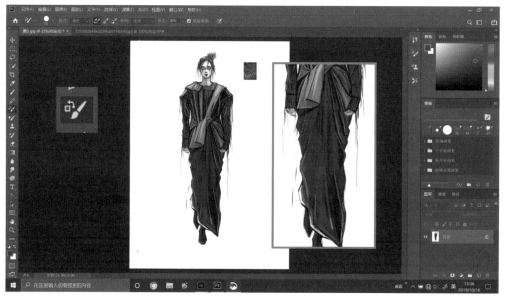

图2-48

图2-49

另外，颜色替换工具可以替换的不仅有颜色，还可以替换色相、饱和度和明度（图2-50）。每一种替换形式又分为连续采样、一次性取样和背景色取样这三种形式。它们替换的效果和种类非常丰富，绝对不是普通的色彩填充能替代的（图2-51）。

图2-50

图2-51

十、混合器画笔工具

用混合画笔工具绘制出来的色彩会有湿润的混色效果，色彩叠笔之时有相互融合和泛起的视觉感觉，每后一笔绘制上的笔触会自然带起前一笔的色彩带并产生色彩混合（图2-52）。这种绘制体验与使用纸张和真实颜料作画的感觉十分类似。在绘制过程中可以通过控制绘制速度带出一些特殊的笔触效果（图2-53）。还可以通过更改工具属性选项中的一些数值对画笔湿润、干燥等程度作出调整，使画笔画出的色彩更具有艺

图2-52

术真实感。图2-54所示为画笔的干湿选项，图2-55所示为画笔的真实绘制效果。

图2-53   图2-54   图2-55

十一、仿制图章工具和图案图章工具

1. 仿制图章工具

仿制图章工具可以让我们将画面其他地方的图案或者画面进行重复性仿制绘画（图2-56）。对于一些机械复制的图形、图案的绘制很有帮助。比如绘制一条四方连续的印花裙子，可以先寻找一块印花面料素材，然后将这块面料素材作为一个"仿制源"进行仿制，绘制图案的速度就会有大幅度的提升，不用再一笔一笔地画。另外，仿制图章工具对于服饰中定位花型的设计也很有帮助，具体操作如下：

图2-56

（1）打开一张需要进行图案印花设计的效果图，然后把所需要仿制的图案放在新图层空白的地方，这样方便以后删除它（图2-57）。

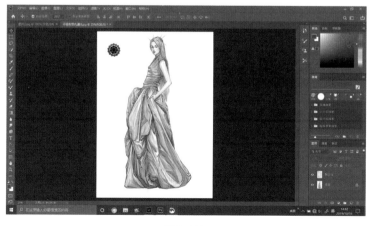

图2-57

（2）选择仿制图章工具，然后按住【Alt】键把鼠标移动到图案的位置点击一下，设为仿制源。然后松开鼠标，寻找要进行仿制图案的位置，就可以进行仿制了。

仿制效果如图2-58、图2-59所示，如果想多次仿制图案可以多次选择仿制源。仿制源可以是相同的，也可以是多个不同的仿制源。

图2-58

图2-59

2. 图案图章工具

图案图章工具是可以使用选定的图案进行绘画的工具。比仿制图章工具更容易把控花型和位置，具体操作如下：

（1）打开一个图稿，然后在人物上身制作一个选区（图2-60）。选择图案图章工具进行仿制。在工具属性栏里选择图案库，从中选一个"回型图案"（图2-61）。

（2）新建一个图层，然后在选区范围内进行图案图章工具的涂抹仿制。图2-62是将选定区域涂满的效果。在实际操作中图案图章工具绘制图形可以很随机，不是都要涂满。这一点图案图章工具和填充工具还是有区别的。图案图章工具更为灵活，更好把握仿制图案的位置。

通常使用图案图章工具的时候要观看一下属性栏，这里仍然有很多变量是可以进行调整。包括一个可选择的图案

图2-60

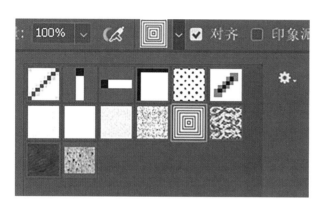

图2-61

图2-62

库，这个图案库会自带部分系统图案，如果不够使用也可以自己再载入一部分，具体方式见自定义图案章节。

（3）将新建仿制图层的图层样式改为"叠加"（图2-63、图2-64）。此时图案图章工具所绘制出的图案就很服帖地按照服装的皱褶和明暗关系附着在衣服上了。同样的方式还可以将不同的图案仿制在下面的裙子上（图2-65~图2-67）。

图2-63

图2-64

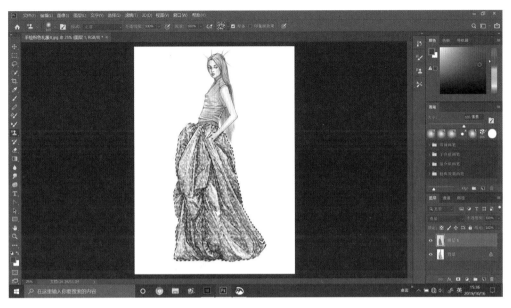

图2-65

图2-66　　　　　　　　　　　　　图2-67

十二、历史记录画笔工具

历史记录画笔是一个恢复原始状态的画笔工具。通过使用历史记录画笔工具可以将画面恢复到初始的状态。在画图和设计的过程中经常会在制作了一些效果之后觉得并不符合自己的意愿，感觉还没有之前初始的效果好，但步骤已经超出了恢复范围和步数，无法撤回。其实这个时候是可以利用历史记录画笔将其恢复到初始的效果。

例如，我们使用颜色替换工具将图2-68中的黑色衣服替换成紫色衣服并将袋盖改为绿色，但觉得替换完的效果不如之前的色彩好看，此时就可以利用历史记录画笔将其改回原来的衣服颜色（图2-69）。

图2-68 　　　　　　　　　　　　　　　　图2-69

（1）选择历史记录画笔，把需要改回的服装色彩部分做好选区，如果不做选区容易把不想恢复的位置也恢复到原来的样子。

（2）使用历史记录画笔涂抹需要改回的部分。刷一下试试看，会发现凡是笔刷刷过的部分都能恢复到从前的色彩。因此使用历史记录画笔可将已经更改过的步骤返回到之前状态，并且是可以有选择的返回。

十三、历史记录艺术画笔

历史记录艺术画笔不同于普通的历史记录画笔，它虽然也是用于恢复图片之前的记录工具，但在恢复时是通过图片早期的图像记录进行类似各种艺术或装饰类的绘画处理及装饰描边处理。在使用这个工具时可以将一些摄影图片或效果图进行局部更改，形成有趣的画面。有一些设计师甚至使用这个工具将一些摄影图片直接改为手绘效果图。这种处理主要是通过调节不同的笔刷性质和参数来实现。

具体实例：

（1）先打开一张事先准备好的服装模特图片（图2-70）。

（2）选择历史记录艺术画笔对模特照片进行修改。

（3）在绘制同时可以根据需要调节笔刷的大小、硬度和其他具体值（图2-71），调节完可以试刷一下，得到如图2-72所示结果。

笔刷的选择要根据自己想要的艺术笔触来选择，例如绷紧短、绷紧长、绷紧松等。

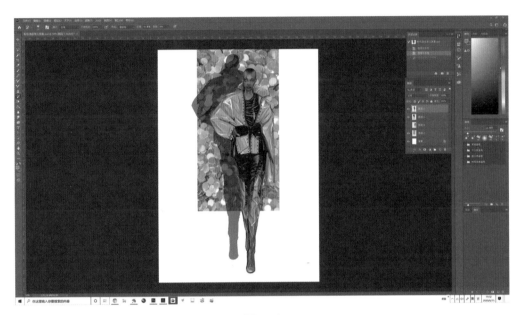

图2-70

图2-71

图2-72

十四、橡皮擦工具

橡皮擦工具主要分为普通橡皮擦工具、背景橡皮擦工具和魔术橡皮擦工具。这三种橡皮擦的基本功能类似，都是擦除画面，但每种橡皮擦的实际使用又略有不同。具体情况如下：

1. 普通橡皮擦

使用普通橡皮擦在图片有背景色的图层上擦除会露出背景色（图2-73），在透明图层上擦除会擦出透明背景（图2-74）。

2. 背景橡皮擦

背景橡皮擦是擦除"取样的颜色"的橡皮擦（图2-75）。背景橡皮擦通常会沿着图形边界线或轮廓线进行擦除。取样方式属性栏里列举了三种取样手法：连续取样、一次取样、背景色板取样（图2-76）。

图2-73　　　　　　　图2-74

图2-75

图2-76

不同的取样形式擦除的部位和效果均会有所差别。连续取样指鼠标所过之处可以连续取多个颜色进行擦除。一次取样指使用鼠标第一次点下的位置色彩为"样品"色，擦除时仅会擦除与取样色一致或相仿的类似色相。背景色取样指取样的色彩为事先设定好的背景颜色，且只擦除与背景色一致或相近的颜色。

图2-77

在擦除背景时可以根据需要勾选保护前景色，这样可以使得在擦除时保护住自己选定的颜色不被擦除掉（图2-77）。

背景橡皮擦实例讲解。

（1）使用背景橡皮擦抠图：首先打开一张图片，然后尝试使用背景橡皮擦工具进行擦除背景区域，基于这张图片背景比较单纯，我们使用了"一次取样"（图2-78）。一次取样就是鼠标第一次点下去的位置的色彩取样。点取背景的"白色"，然后使用背

图2-78

景橡皮擦擦除，发现它仅擦除了背景的白色，白色以外的色彩是不会被破坏的。这样，很快人物的背景就被擦成了透明的（图2-79）。这说明背景橡皮擦不仅可以擦除背景的颜色，同时也是一个可以抠除背景的"抠图"工具。这对于抠除较为单纯的背景图片来说，无疑是个非常好用的工具。方便日后将绘制好的时装画人物抠下来进行组合式编辑。

（2）背景橡皮擦擦出色彩背景：我们可以利用背景色制作彩色背景效果。比如设定背景色为红色，然后使用背景橡皮擦一次取样背景上的灰色进行擦除，很快就擦出了红色的背景，露出底层事先设定好的红色，这些红色的背景基本是沿着边界进行擦出的。虽然普通橡皮擦也可以擦出背景色，但这比起普通橡皮擦来说更容易掌握擦除的位置和边界线（图2-80）。

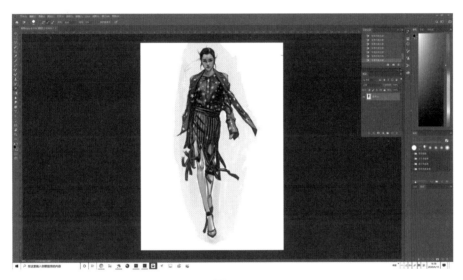

图2-79

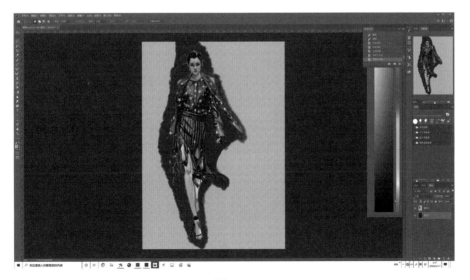

图2-80

（3）背景橡皮擦擦出图案背景：打开一幅画有人物的图片文件，为图片新建立一个背景图层，填充为红色方格。然后使用背景橡皮擦擦除，擦除的地方会显示出背景的红色格子，这和使用背景橡皮擦擦出色彩的原理一致。我们也可以尝试用这个方法做出一些服装的色彩变化。例如，在此基础上再新增加一个背景图层为"蓝色"。使用背景橡皮擦工具进行局部擦除，设置一次性取样为黑色，之后移动鼠标进行点状擦除，此时服装上便出现了蓝色波点图案。同一张图可以运用图层和图层之间的叠加关系多次使用背景橡皮擦，这样可擦出丰富多彩的效果（图2-81）。

图2-81

3. 魔术橡皮擦工具

魔术橡皮擦工具是只需单击一次鼠标即可擦除周围相近似的色彩的工具。

具体图例如下：

（1）打开一张效果图，新建一个背景图层填充为红色。然后选择魔术橡皮擦工具（图2-82）。

（2）调节魔术橡皮擦的大小和容差值等，对准想要擦除的色彩进行点击，此时所有与擦除色彩相近的周边色彩都会被擦除，露出背景红色（图2-83）。

图2-82

图2-83

魔术橡皮擦工具属于快捷橡皮擦，它会一次性快速擦除鼠标点取位置周围相同或者类似的色，对于单位面积内有类似色需要擦除的情况来说非常快捷好用。

十五、渐变工具和油漆桶工具

1. 渐变工具

渐变工具是指使用渐变的手法进行色彩填充的工具（图2-84）。主要填充方式有线性渐变、径向渐变、角度渐变、对称渐变、菱形渐变等。具体效果根据属性栏的具体选项进行调整和配置（图2-85）。

图2-84

图2-85

具体使用实例如下：

（1）首先打开一个人物和背景分离的图片（图2-86、图2-87），使用选取工具选取效果图人物以外的空白背景，人物周围出现蚁线。然后从图层面板添加一个蒙版（图2-88）。此时人物图层旁边会出现一个蒙版图层，按"Ctrl+I"快捷键反向蒙版（图2-89）。

（2）选择蒙版一边的图层，使用渐变工具拉动渐变的方向：渐变—透明—线性渐变（图2-90、图2-91），此时人物就做成了由实到虚的效果（图2-92）。当然渐变效果不仅这一种用法，其实只要给出一个范围都可以使用这个工具。

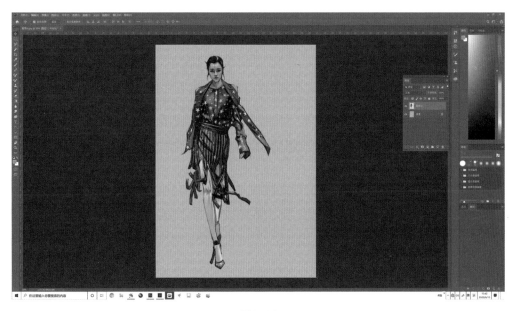

图2-86

图2-89

图2-87   图2-88   图2-90

图2-91

图2-92

2.油漆桶工具

油漆桶工具是快速填充色彩和填充图案的工具（图2-93）。

（1）色彩填充。

①打开一张图片，使用多边形选取工具选取图片中人物红色衣服的一部分。

②新建立一个图层，放在原来图层的上方，设置前景色为红色，然后使用油漆桶工具进行填充（图2-94）。在选取的服装位置上点一下，服装就被填充为非常均匀的红色。

图2-93　　　　　　　　　图2-94

③将填充颜色的图层样式更改为"正片叠底"，我们发现这鲜艳的红色就罩在原来的衣服颜色上了（图2-95、图2-96）。这个方法很适合修改纸面手绘图效果。可以弥补手绘图色彩饱和度不够高的缺点。

图2-95

图2-96

（2）图案填充。

①仍然选择这张图片，先选取需要填充图案的位置，这次选择填充背景区域。先将背景抠成透明的，可以使用背景橡皮擦工具，也可以使用其他方法（图2-97）。然后将油漆桶属性栏改为图案填充（图2-98）。选择具体要填充的图案，这里选择一个格子图案的背景。

②使用油漆桶工具在画面背景上点击一下，此时背景就变换为使用所选图案进行填充的效果了（图2-99）。

油漆桶工具适合填充色彩单纯干净的选区，如果填色区域里面有其他色彩或者肌理的情况就不容易填平整，可以尝试使用"编辑—填充"的方法，填色和填图案都会比油漆桶工具更均匀。

图2-97

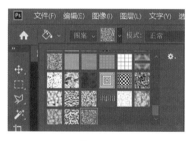

图2-98

图2-99

十六、模糊工具

1. 模糊工具

模糊工具是对画面进行柔化处理的工具，多用于皮肤瑕疵的修复，有时也用于背景

的模糊处理。如图2-100所示人物的脸部
上色不够均匀，使用模糊工具后就显得均
匀多了。

图2-100　　　　　图2-101

2. 手指涂抹工具

手指涂抹工具是具有方向性的模糊工
具，可以将色彩沿手指涂抹的方向拉开
（图2-101）。

十七、海绵工具

海绵工具的用途是可以降低或加强画面色彩的纯度。海绵工具的使用分为加色和去
色处理两种类型。如图2-102所示，我们可以清楚地分辨两种处理方式的区别，（b）图
为图片原始色彩，（a）图为加色处理，（c）图为去色处理。这说明在不改变色相仅改变
饱和度时可以选用海绵工具来处理图片。

（a）加色处理的图片效果　　　　　（b）图片原图　　　　　（c）去色处理的图片效果

图2-102

十八、文字工具

文字工具是Photoshop软件实现图文混排的核心工具（图2-103）。在使用文字工具
的时候应注意两点：一是在选用文字工具进行打字的时候会自动出现一个文字图层，这
也就是说明文字图层是一个特殊的图层，需要一个独立的图层进行编辑、排列和变化；
二是文字工具要配合属性栏做出字体、字号、文字色彩等的选择，后面的一些常规变化

也要依赖属性栏参数设定来实现（图2–104）。

文字工具属性栏里面有很多变量可以选择，图2–105中画红圈的地方是经常要发生变化的位置。下面以文字变形为例做一个说明。

（1）新建一个文件，然后选择"文字工具"，键盘输入"NANCHUNHONG"，字体选择"Berlin Sans FB Dem"，字号选择"36""左对齐"。文字色彩选择"黑色"，属性栏选择"文字变形工具"，跳出对话框选"旗帜变形"。此时看到原本平滑的文字行变成了具有旗帜飘荡的感觉（图2–106）。

图2–103

图2–104

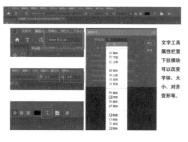

图2–105

图2–106

（2）做完文字造型后还可以进行文字的色彩变化（图2–107），也可以利用图层样式等做出不同效果的立体字。例如，"玻璃字""火焰字""金属字"等，这些教程在很多Photoshop官方网站上都有，我们不重复这方面的内容。下面在之前的基础上继续将文字做成一个具有金属效果的"文字LOGO",因为服装设计师很多时候还要做产品宣传册或者一些服装品牌的领标、吊牌、包装袋、VIP卡等。会做简单的LOGO是服装设计师必备的技能之一。

（3）金属字的制作：可以先打开文字图层的图层样

图2-107

式面板，然后在图层样式面板中勾选投影和叠加斜面浮雕、纹理、发光效果等，之前的普通文字就变为有金属质感的文字（图2-108）。其他效果自己可以慢慢体会。

图2-108

（4）接下来可以栅格化文字图层（转换为普通图层），然后使用钢笔工具在下面加两条曲线，调整好曲线后描边路径。于是文字下方就做出了两条同样质感的金属曲线（图2-109）。

（5）为文字添加一个小图案做一个简单的文字+图形形式的LOGO。

图2-109

①使用"形状工具"中的"自定形状工具"（图2-110），然后在"形状库"里选择一个花的形状图案。（图2-111）。

②把花图案填充为与文字相同的颜色，并依照文字图层的图层样式做出一样的浮雕金属效果。这样就完成了一个LOGO小图标的练习（图2-112）。

图2-110

图2-111

十九、路径工具和路径选择工具

1.钢笔路径工具

钢笔路径工具是适合描画线稿的工具。服装设计专业通常使用这个工具来绘制服装平面款式图。这个工具里面主要包括钢笔工具、自由钢笔工具、弯度钢笔工具、添加锚点工具、删除锚点工具、转换点工具（图2-113）。

图2-112

（1）钢笔工具：通过使用钢笔工具做出线段的基本方向，也就是基本轮廓。配合转换点工具做出想要的各种直线和曲线效果。

（2）转换点工具：使用转换点工具可将折线改为平滑曲线。具体方法如下：首先建立一个小文件尝试使用钢笔工具画出折线，绘制时锚点不要太多，因为我们随时可以添加锚点，锚点一般都是在需要转折的地方进行设置（图2-114）；然后，用转换点工具点击锚点，会出现可调节把手，来回拽一下把手可以发现原本僵硬的折线变为可调节的曲线了（图2-115）。

图2-113

（3）添加锚点工具：单击鼠标即可添加一个节点。

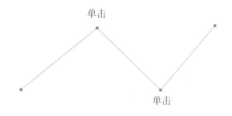

图2-114

（4）删除锚点工具：点击一次即可删除一个锚点。

（5）弯度钢笔工具：适合画弯线的路径工具（图2-116）。

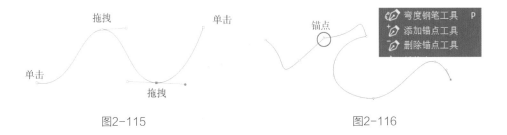

图2-115　　　　　　　　　　　　　　　　　　图2-116

2. 路径选择工具

路径选择工具分为"路径选择工具"和"直接选择工具"（图2-117），其中路径选择工具是选取整条路径，拖拽路径可以改变路径位置；直接选择工具可以选择路径的各个锚点和线段进行路径形状再调整。这两个工具基本上是配合钢笔路径工具来使用的，在服装专业日常设计中常用来调节线稿和制作单线条服装款式图的各种图线。具体运用要根据需要调节工具属性栏可以得到更多变化。

图2-117

3. 路径工具绘制款式图实例讲解

（1）将界面视图标尺调为可视，调出纵向和横向尺寸辅助线。然后用钢笔工具按日常手绘图比例做出服装的基本外轮廓（可以先画成方形，再进行锚点调节），此时线条为带有锚点的直线感线条（图2-118）。然后使用转换点工具点击锚点，点两侧会出现调节把手，提拉拖拽两侧把手，将直线、折线改为合适的曲线。

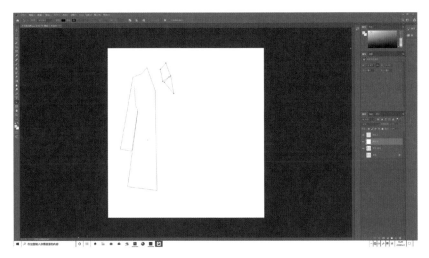

图2-118

（2）使用"添加描点"工具和"删除描点"工具整理外廓型。

（3）使用"路径选取工具"和"路径直接选取工具"慢慢调整外廓型（图2-119）。

如果初学画款式图还不能很好掌握款式的长短比例关系，可以先打开视图里的标尺和网格工具。标尺工具可以拉出横向辅助线和纵向辅助线，并根据标注尺寸做出款式图的规划。网格工具有利于对齐。利用辅助线和标准尺寸绘制款式图就容易多了，电脑绘制服装平面图的原理与手绘平面款式图的图线符号标准一致。

（4）由于Photoshop里面的路径工具不属于普通图层线条，所以最终的图线落实还要使用到"路径描边"这个功能。先选择一支画笔将笔尖设置为"2~4"之间，别太粗。然后在之前画好的路径上单击鼠标右键出现选项菜单。在菜单中选择"描边路径—画笔描边"（图2-120）。描完后，用"路径选择工具"挪开路径，就能看到所做的轮廓线已被描画为画笔笔尖粗度的线描图稿了。线条色彩默认为当前所选的前景色。之后按此方式，经过仔细的反复描画，包括单线、双线、点画线的描摹，款式图就完成了（图2-121）。

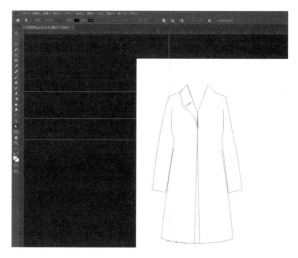

图2-119

图2-120

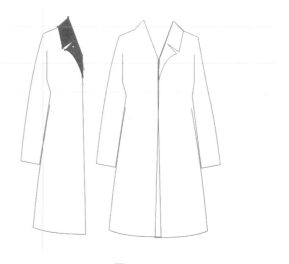

图2-121

　　如图2-122所示是使用路径工具制作完成的服装外套款式平面图。

　　综上所述，路径工具和路径选择工具可以帮助我们很好地完成线描类设计图。另外有些常规款式的路径文件我们还可以长期保存，方便日后变化其他款式时直接变化使用（图2-123）。

图2-122

图2-123

二十、形状工具

　　形状工具主要包括六种工具，分别是矩形工具、圆角矩形工具、椭圆工具、多边形工具、直线工具和自定形状工具（图2-124）。这几种工具与路径工具一样都是在Photoshop中制作类似矢量图效果的图线、图形时使用的工具。下面用一个实例进行讲解。

　　（1）使用矩形工具做一个矩形形状（图2-125），然后在

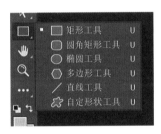

图2-124

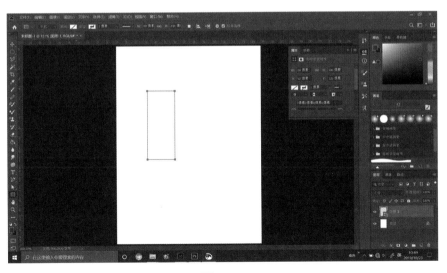

图2-125

属性栏选择填充色为红色（图2-126）。在属性栏里不仅可以选择图形填充的色彩，还可以选择图形外框的类型和描边的色彩、描边线条样式等，大家可以一一尝试。

图2-126

（2）填充完成后得到了一个红色的矩形图案，如果要加边框可以选择后面的边框选项（图2-127）。

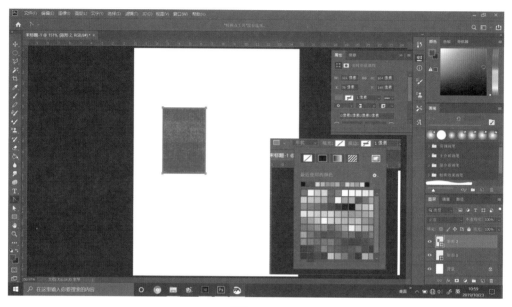

图2-127

（3）给红色矩形图案做一个蓝色外框，外框样式选择的是"点化线"（图2-128）。属性栏这个模块里有多种线条样式可选，大家可以根据需要选择，最后效果如图2-129所示。

（4）我们还可以通过使用路径工具和路径选取工具来改变图形的形状，比如将矩形改变为其他图形。

①使用【转换点工具】取矩形的一个顶点进行变形，自动出现对话框"此操作会将实时形状转变为常规路径。是否继续？"（图2-130）。我们选择"是"这个选项，然后形状就转化为路径了。

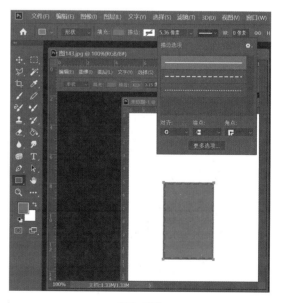

图2-128

②按照常规路径的调节方式，调试锚点左右的调节手柄，就可以把它做成一个"心"形图案（图2-131）。

图2-129　　　　　　　　　图2-130　　　　　　　　　图2-131

通过这个案例我们明白了形状工具与路径工具之间是可以转换的。由此方式可衍生出众多的图形设计，通过这一功能可以帮助我们利用形状工具转化路径，再经过添加和减少锚点来调节曲线等手法做出丰富多样的图形、图案，能更好地表达图形创意和设计思想。

"形状工具"在属性栏里还有一个可以装载自定义形状的图形库。Photoshop本身自带了一部分图形在里面任大家挑选使用（图2-132）。除此之外可以自己通过网络下载和自定义载入功能再自行添加一部分。通常选择了这个工具后只需要滑动鼠标一次就可以画出一个选定的图形，非常方便快捷（图2-133）。

在做出的自定形状的基础上，也可以根据我们的意愿使用"路径选择工具"和"转换点工具"做出各种路径变化、图线变化、填充变化等，最后完成所需图形（图2-134~图2-136）。

图2-132

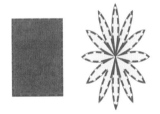

图2-133

图2-134　　　　　　　　　图2-135　　　　　　　　　图2-136

二十一、抓手工具、旋转工具、放大缩小工具

1. 抓手工具

抓手工具可以拖拽图形位置，进行视图的观察（图2-137）。

2. 缩放工具

放大或缩小画面使用，方便画面的全局观察和局部放大（图2-138）。

抓手工具和缩放工具是在绘制图纸中经常要用到的工具，所以经常是左手配合快捷键使用，抓手工具快捷键为"H"，缩放工具快捷键为"Z"。

3. 旋转视图工具

旋转视图工具是隐藏于抓手工具槽内部的另一个文件观察工具，可用于旋转观察画面（图2-139）。使用此工具方便绘制作品时旋转画面，寻找绘画角度。

图2-137

图2-138

图2-139

二十二、前景色与背景色

在工具栏的下方还有两个小方格形的图标，由一个双向拐弯的箭头连接（图2-140）。这个图标显示的是当前画面的前景色与背景色。前景色是正在使用的当前选择色。背景色是图纸的底面色彩，即文件纸张色。

具体使用情况可以参考下面的图例，如图2-141所示。

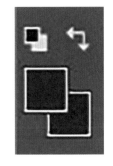

图2-140

（1）选用椭圆形选取工具制作选区，点击"编辑—填充—填充前景色"，画面上的椭圆形就被填充为与前景色一样的墨蓝色。

（2）如果使用橡皮擦工具在选区内来回擦一下，发现擦除的部分并不是我们通常想象中的橡皮擦该有的"白色"痕迹，而是"暗红色"，这是因为我们现在的"背景色"为暗红色。Photoshop里橡皮擦擦除后的痕迹会默认为设置的背景色。

二十三、快速蒙版

Photoshop的快速蒙版有几个基本作用：一是抠图，二是保护图层的局部不被整体编辑时的效果影响，三是可以应用于图层之间的合并使用。下面介绍具体使用方法。

图2-141

（1）打开一张需要编辑的服装效果图，然后复制一个相同的图层（图2-142），通常如果对编辑后的效果没有把握的情况下最好留一个原图在下方图层上，如果有需要可以先将底层图层显示关闭。再按"Q"或者鼠标点击快速蒙版工具图标进入快速蒙版，此时被编辑的图层显示变为红色（图2-143）。

（2）将前景色设为黑色，选择画笔工具对左侧人物做出局部描画，这时候会发现画出的笔触是透明的红色（图2-144）。这里为什么使用黑色描画显示的却是红色呢？因为这里并不是在填色，而是在制作"快速蒙版"。在Photoshop系统中蒙版的颜色默认为"红色"。蒙版的制作通常就是使用两种颜色画笔，"黑色"或者"白色"。画面罩上黑色的部分形成遮罩，白色部分则是露出。接下来继续涂抹至整个人物成为红色（图2-145）。

（3）再次按快捷键"Q"退出快速蒙版，这时人物就产生了一个带有"蚁线"的选区（图2-146）。所以说其实"快速蒙版"也可以算是一个制作"选区"的工具。

图2-142

图2-143

图2-144

图2-145

图2-146

（4）点击菜单里的"选择—反向"，得到了相反的选择区域。

（5）使用渐变工具对所选区域做一个渐变效果（图2-147）。这样选区内的地方被填充为渐变效果了。而刚刚做过蒙版遮罩的地方则保留着本来的色彩。

（6）选用"线性渐变—前景色到透明色渐变"多做几次渐变看看画面效果，达到自己满意即可（图2-148、图2-149）。这个透明渐变的效果还是挺好用的，不会太过遮挡原图，又能做出渐变层次来。

图2-147

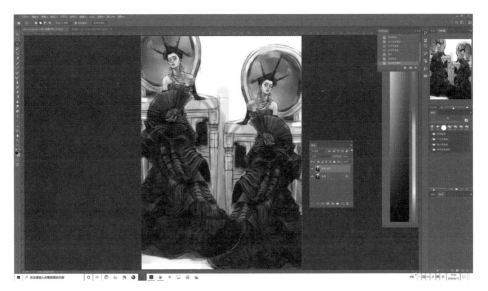

图2-148

图2-149

（7）当然也可以再继续做一个图层进行图层样式的叠加，继续丰富画面的效果。如图2-150所示，先做了一个透明的渐变图层，然后上下图层效果进行叠加，图层样式选择的是"颜色"。

学到这里大家对快速蒙版工具应有一定的认识了，它其实是一个做选区的好助手。快速蒙版与图层蒙版的区别是图层蒙版的主要功能在于画面的显示与隐藏，而快速蒙版的作用并不仅是控制画面的显示与隐藏，而是根据不同风格，使用画笔的涂抹得到各种选区。反过来，也可以用得到

图2-150

的选区来添加蒙版。另外，快速蒙版与普通选取工具做出的选区也是有差别的，它们的差别在于快速蒙版能用不同风格的画笔来构造特殊选区，还可以控制选区的羽化值等。而普通选取工具所做的选区边界就比较受局限。比起普通选取工具，使用快速蒙版做选区的手法更为灵活、形式也更为多变。

第四节　服装人物的绘制方法及要点

我们学习了服装人体比例，在这个基础上将继续深入讲解服装人物的绘制方法和绘制要点。

一、头部及五官的绘制

绘制五官时有一个比例值可以参考，即我们平时所说的三庭五眼（图2-151），庭指的是脑门的长度，眼指的是一只眼睛两个眼角的连线长度。一庭：发际线至眉骨线之间的距离。二庭：眉骨线至鼻底线之间的距离。三庭：鼻底线至下颏骨之间的距离。五眼：两耳廓通过面部之间的弧线距离为五眼。实际上我们看到人脸的正面由于透视和脸部的凹凸起伏关系，不

图2-151

能完全看到五只眼的宽度，绘制时要注意把握透视。

二、发型绘制

　　在画头发的时候要先分析发型的倒向和规律，一般有中分、偏分和整体向后等种类，通常按照头发梳理和编整的方向来运用线条进行组织就不会有错。在绘制的过程中要注意先按照大的体积关系来画，头发是包裹在头骨上的，整体走势应该是圆的体积方向。接下来再按照主要面积来画，先掌握好是中分还是偏分，然后每一大部分再分小缕。一组头发一般会由几缕头发共同组成，而这几缕头发因为共属一组体积中，所以其大体走向是基本一致的。要注意发丝的边缘特征，是平顺的还是卷曲的，尤其是刘海部分要特别处理一下。在注意以上问题之后头发就会画得比较生动了（图2-152）。

头发的绘制方法

图2-152

三、四肢与躯干

　　绘制手臂时要注意表面的肌肉走向是围绕内部的骨骼来进行的。一般来说，上臂动作变化不大，但小臂由于内部的尺骨和桡骨有互相缠绕的变化，表皮的肌肉走向就会产生丰富的起伏变化（图2-153）。另外手腕两侧的骨点也会有相应的高低变化。

　　腿部动态的变化是服装模特动作中最富有动感和优美的部分（图2-154）。掌握腿部动态的要点主要有两个。一是准确把握人体运动中的重心，人体重心是依照腿部的支撑方式确定的。根据两腿受力的分布情况，重心线从颈窝垂直落在支撑的支点处，这个支点通常都是在两腿之间。二是在站姿中通常以一条腿的承重为主，重心会转移至重心腿的方向。重心腿的线条处理通常比较有力度，而另一条腿通常是做辅助的，但也起到一定的支撑作用，腿部线条绘制时可适当放松。平时要多观察人体运动的规律，比如重心从一条腿过渡到另一条腿时的形态转变过程等。

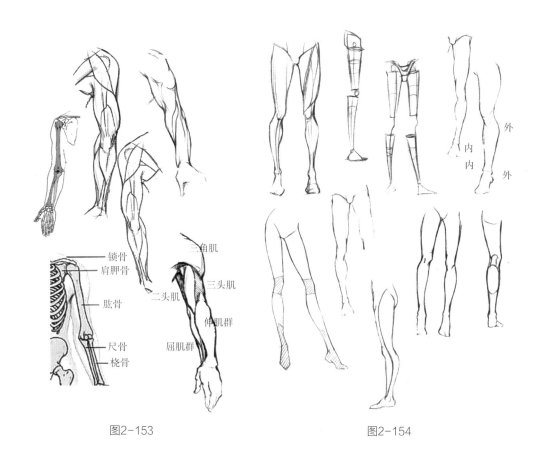

图2-153

图2-154

四、身体动态变化

如果将人体简化为几何体，会更方便理解人体的结构。人的四肢各部分基本都是以圆柱体为基本造型的，比如颈、上臂、前臂、大腿、小腿等。

在使用几何形来搭建人体的时候可以用"一竖、两横、三体积、四肢"来进行架构。

1. 一竖

这"一竖"是指脊柱线，它在人体直立时从正面和背面看都是一条垂直线，从两侧看有四个生理弯曲，呈"S"形曲线。人体运动时脊柱的弯曲形状随之发生变化（图2-155）。

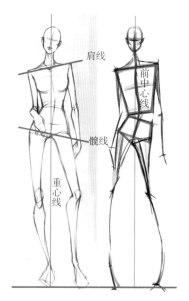

图2-155

2. 两横

"两横"是指两个横向线，这两个横向线本身并不是真的以线的形式存在，而是指我们画图时的辅助线，指的是两肩和两髋骨的连线（图2-155）。找到了这两根连线，人体的肩膀和髋骨的动作方向就找到了。一般为了保持身体平衡，除立正姿态外，这两条线的朝向通常呈相反的倾斜方向。

3. 三体积

"三体积"是指人的头部、胸部和臀部，它们是人体躯干的重要组成部分。人体运动时三个体积可以出现不同方向角度的扭转（图2-156）。

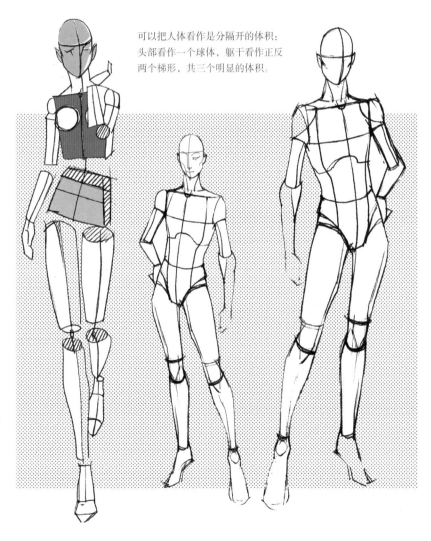

可以把人体看作是分隔开的体积：头部看作一个球体，躯干看作正反两个梯形，共三个明显的体积。

图2-156

4. 四肢（三肢段）

"四肢"是指人体的双臂和双腿，胳膊分"上臂—小臂—手部"三个部分，仔细观察这三部分，虽然整体方向一致，但每一个部分的骨骼方向又略有不同，每个大关节转折处都会有方向上的改变，这些细节变化要注意观察；同理，腿部也分三个部分"大腿—小腿—足部"，也分别有三个不同方向的变化。绘制时需要特别注意"四肢"的这些变化规律才可以更好地把握人体动态（图2-157）。

在掌握了上述的人体绘画规律后，就可以在服装人物的基础上开始学习Photoshop绘制服装效果图的具体方法。

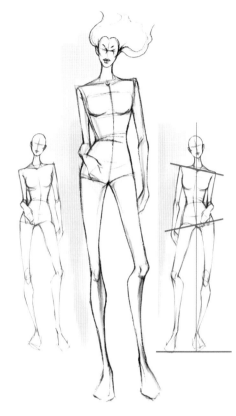

图2-157

第五节　使用Photoshop绘制服装效果图的方法和步骤

一、设计草稿的绘制及线稿图提取

首先我们根据服装人体绘画规律绘制服装人体和着装人物线稿图。然后通过扫描设备将线稿图储存为电子文件，通常会将它储存为".jpg"文件格式。

线稿图的通道提取法

（1）将一幅已画好的纸面线稿图进行扫描，储存格式为".jpg"文件（图2-158）。然后在Photoshop里将此线稿图打开，并将颜色模式设置为RGB（一般情况下Photoshop的显色模式默认为RGB），如图2-159所示。

（2）打开通道面板，看到现在通道面板上共有四个通道，除RGB全色通道外，还有"红、绿、蓝"三个单独通道。然后观察几个通道的线稿图清晰度。此时我们需要选择最清楚的一个通道。

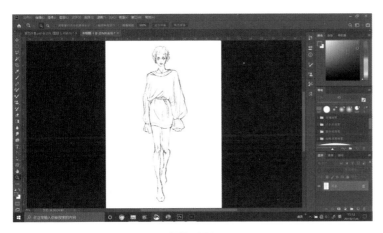

图2-158

图2-159

（3）经过对比之后，选择了红色通道（图2-160）。按"Ctrl"键的同时用鼠标点击一下"红色通道"，人物周围出现"蚁线"（图2-161），这代表我们制作出了一个选区范围。

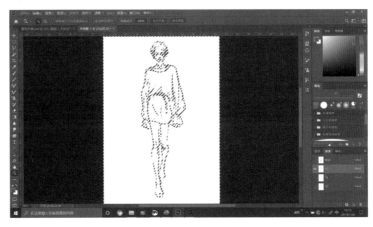

图2-160

图2-161

（4）重新选回RGB复合通道，并回到图层面板。观察画面，发现选区是线稿图以外的白色区域部分，而我们想要的线稿图刚好是与此相反的部分。

（5）这时使用菜单中的"选择—反向"（图2-162），选取的结果就会进行反转，此时看到人物的线稿图部分被选取上了。这才是我们想要的结果。

（6）使用"编辑—拷贝—粘贴"命令。图层面板里出现了一个新的透明图层（图2-163），这个透明图层就是我们提取出来的线稿图（图2-164）。

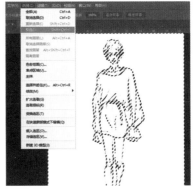

图2-162

（7）将背景图层的"可视眼睛"图标关闭。观察一下，看到线稿（图2-165）其实已经提取出来了，它存在于一个独立的透明图层上。保存一下这个文件,保存格式为"psd"。这样就完成了时装画线稿图的提取工作。多数情况下只要纸上所绘制的线稿图不是太脏或过于凌乱都可以使用这种提取方式。它的原理是利用了Photoshop通道的分色功能。通道的功能是非常强大的，之后的教程还将使用通道进行其他的编辑。

图2-163

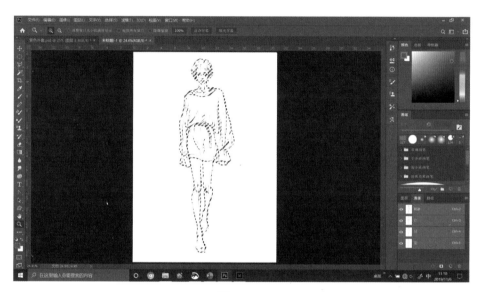

图2-164

图2-165

讲到手绘效果就不得不提一下笔刷的调节。Photoshop软件本身其实并不能说是一个纯粹的绘画类软件，它的强大主要体现在图像的编辑和各种修图特效上。其内置的各种笔刷有时并不能完全满足我们的绘画需要，因此需要学习调节和自定义一些专属笔刷用来绘画。下面学习如何在Photoshop中调节和自定义画笔。

二、建立自定义笔刷

1. 普通自定义画笔的制作和调节

（1）在工具箱里选择画笔工具，然后再打开画笔调节面板，调节画笔的直径、硬度、不透明度和变量等，模式也可以进行调节（图2-166）。调好之后在空白文件上试试，如果效果满意就可以将其储存起来了。

（2）在画笔面板最上方右侧的菜单中选择"新建画笔预设"，出现对话框之后给新画笔起一个名称，然后单击确定（图2-167）。

此时看到笔刷库里多出了一个刚刚做好的"尖角17"画笔（图2-168）。下次再需要绘制相同效果时，就可以方便地使用刚才调节过参数的画笔了，以此类推可以建立起属于自己的个性化的笔刷库面板。这种方法是使用Photoshop自带笔刷进行调节得到的普通自定义画笔。

2. 使用自定义笔刷给时装画上色

下面使用自定义的那支画笔（尖角17）绘制一幅简单的时装画。

（1）将之前提取好的线稿图下方新建一个上色图层，将此图层命名为"上色1"，然后使用油漆桶工具将它填充成"白色"（图2-169）。当然，这里也可以填充其他颜色，填充色一般为自己想要的纸张颜色。

（2）使用自定义的那支画笔尖角17来绘制人物皮肤的颜色和服装的基本色调。绘制过程中仍然可以调节它的大小值和压力值等（图2-170）。

（3）接下来是深入绘制，基本上每种色调和阴影层次都最好新建一个图层来绘制，这样方便后续做效果修改（图2-171）。比如某一图层的绘制效果不好就可以重新修改这个图层的东西，而不会破坏其他图层的内容。经过一番绘制就得到了一张模拟纸面手绘效果的时装画了（图2-172）。下面再学习一下利用图形和图案自定义一个属于自己的专属画笔。

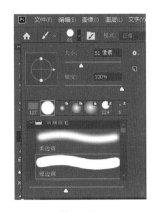

图2-166

图2-167

图2-168

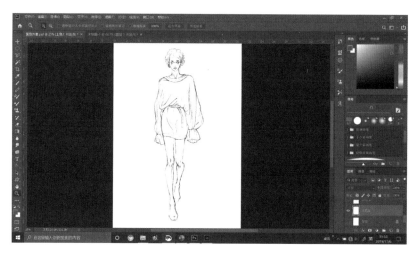

图2-169

图2-170

图2-171

图2-172

3.创建特殊形状的自定义笔刷

日常设计中我们经常会收集一些漂亮的图片或者图案，例如美丽的蝴蝶、皑皑的白雪、远古的图腾等，在绘制插图的过程中又会时常感叹那些需要机械重复的图案如果可以简单地一下画出来就好了。一笔一笔地去重复描绘同一种图形无疑是枯燥的，现在我们可以借助自定义笔刷功能来实现简单描绘，它很好操作。具体步骤如下：

（1）利用自定义笔刷制作一个拉链笔。新建一个透明文件，尺寸为10×10像素，设置背景透明（图2-173）。通常定义笔刷建立出的文件特别小。为什么要做这么小的文件呢？因为我们做的只是一个笔头的截面，通常都不会用太大面积的笔头，那样笔刷就太粗了。正是因为这样，在建立完自定义笔刷后，需要用到放大镜工具将文件放大后再进行编辑，否则会看不清楚的。关于建透明文件，如果是最新版本的Photoshop可能在新建页面找不到新建透明文件的位置，那样我们就新建一个背景为白色的文件，新建完成后将背景删除就可以了。具体步骤为"选择—全选（背景）—清除"。

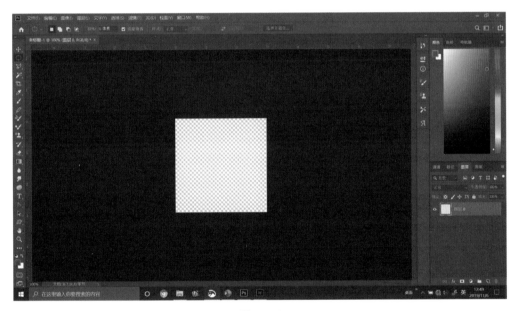

图2-173

（2）在透明文件上使用矩形选取工具在里面做以下选取，先做一个纵向的矩形选区然后叠加一个横向的选区，选区的形式选择"相加"（图2-174），之后使用油漆桶工具将选区填充成黑色（图2-175）。

（3）选择"编辑—定义画笔预设"（图2-176），出现对话框，给画笔起名为"拉链笔"（图2-177）。

（4）打开笔刷面板确认"拉链笔"是否已经在笔刷库里了（图2-178）。

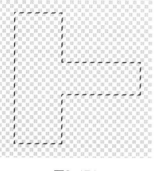

图2-174

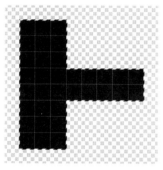

图2-175

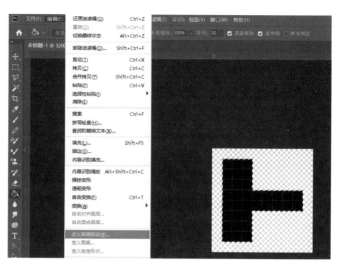

图2-176

图2-177

（5）选择刚才定义好的拉链画笔，然后打开画笔设置面板，找到"间距"选项后拖拉滑块，当线条改变为锯齿状等间距排列时就可以了（图2-179）。这个间距也就是拉链的紧密程度。另外还可以调节上面的"大小"滑块。设置每个锯齿的大小。设置完毕就可以新建一个文件来尝试画拉链了。

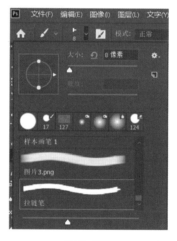

图2-178

图2-179

（6）按住"shift"键拖动画笔工具，此时画面出现一条锯齿状线条（图2-180），这仅是绘制的左侧拉链。回到笔刷设置面板，点选"翻转X"（图2-181）。然后在这个线条的右侧沿锯齿插接绘制一条反向的线段，同样要按住"shift"键。一条拉链的中段效果就完成了（图2-182）。

按住"shift"是为了画出垂直线条，如果不按住也可以画，但线条就是自由弯曲的了，不利于做出拉链的效果。

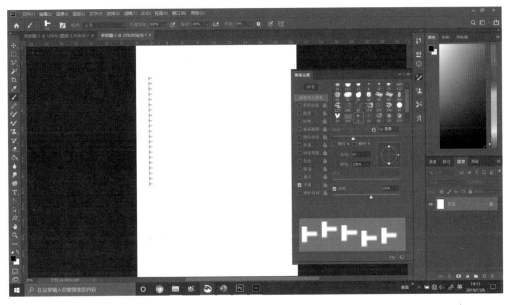

图2-180

图2-181

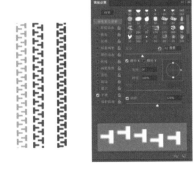

图2-182

（7）给拉链做个阴影和立体效果。首先要保证拉链是在一个单独的图层上绘制的，确定后利用图层样式进行拉链立体感绘制。

（8）选择菜单栏"图层—图层样式—混合选项"，跳出对话框。勾选"斜面和浮雕"，在面板中来回调节一下各种效果，观察拉链是

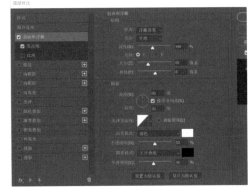

图2-183

否已经有了立体感，调到自己满意即可完成（图2-183）。接下来用矩形工具做一个拉

索头，因为它们在同一图层所以会出现同样的图层效果（图2-184）。其他的拉索拉环等就需要用其他图形工具去做了。

（9）还可以给拉链旁边做一个投影。也就是勾选图层样式面板中的"投影"，然后调节上面的各个选项，找到合适的投影效果，效果如图2-185所示。如果还要做其他质感和效果，基本上都可以在图层样式面板里找到。比如可以添加一些材质做出金属质感，或者做个描边和添加图案肌理等。

通过上述内容我们学会了使用"自定义画笔预设"去做自己想要的笔刷效果。这种定义笔刷的方法可以制作多种样式的画笔，比如说各种图形、图案以及摄影图片都是可以拿来制作形式各异的笔刷的。只要将其中的图形部分做成背景透明的形式，都可以攫取为"笔尖"形状（图2-186）。这些形式各异的笔刷可以大大丰富我们绘制各种图的效果，使Photoshop软件的绘图功能得到很大的升级（图2-187）。

图2-184

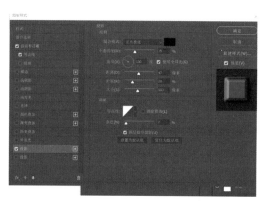

图2-185

图2-186

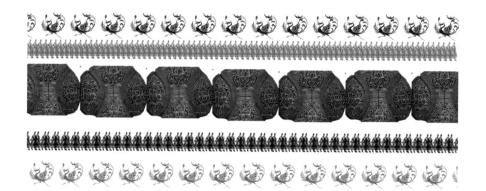

图2-187

三、为服装效果图添加面料与色彩

1. 面料图案填充

在前面的工具栏工具使用方法中已经做过几次填充面料的实例讲解。基本上都是针对特定工具的使用。下面的内容是介绍这些工具综合运用的方法。

（1）打开一张线稿图，按前面的方法提取线稿。然后新建一个上色图层放在线稿图的下方（图2-188）。

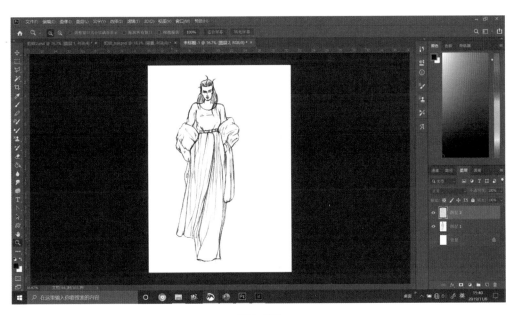

图2-188

（2）打开一张豹纹面料素材（图2-189）。然后点击"选择—全选"。

（3）选择菜单中"编辑—自定义图案"，然后按"确定"（图2-190）。

（4）使用"多边形套索工具"把要进行面料填充的位置进行选取（图2-191）。如果要精细选取

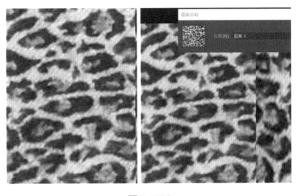

图2-189

也可以使用"钢笔路径"工具，做出边缘曲线，调节曲线后，右键选择"转化为选区"。这两种方法都是可以的，最后都可以得到选区。区别是一个粗糙些，一个精细些。具体操作时可以根据作图时间来选择不同的做选区工具。

（5）选择"编辑—填充—填充图案"，在图案库中找到刚才自定义的豹纹图案，一般是在最后一项（图2-192、图2-193）。这样一个豹纹图案面料就填充到所选区域里了（图2-194）。接下来可以用同样的方法填充其他部位的面料，效果如图2-195所示。

（6）绘制皮肤的色彩。最好也新建一个图层。一般使用较为柔和的笔刷，流量和压力可以调节得小一点，一层一层地绘制，不要怕麻烦。

（7）全选人物图层后，选择"编辑—拷贝—粘贴"做出一个新的图层。

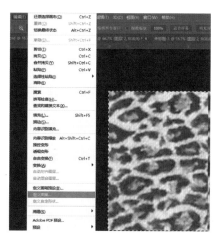

图2-190

（8）选择其中一个图层进行编辑，"图像—图像旋转—水平翻转"，这样就得到一个相反动作的人物（图2-196）。

（9）绘制或者选择其他图案，通过裁剪、拷贝粘贴到人物下方的新建图层里，这样画面就会越来越丰富了（图2-197）。注意不同的图案要放在不同的图层里，这样方便变化图层的叠加效果（图2-198）。

（10）画面背景多次填充图案后这张画就完成了（图2-199）。另外，填充图案后图层的叠加样式可以进行变化。比如希望上下的叠加效果是透明覆盖的可以选择"正片叠底"（图2-200），需要正常覆盖的就用"常规"。

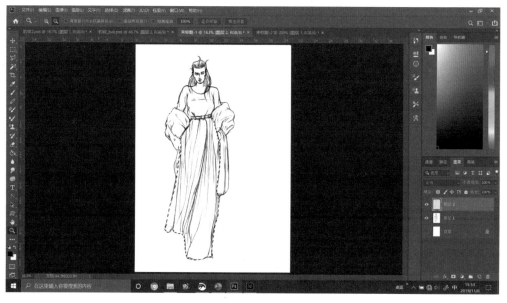

图2-191

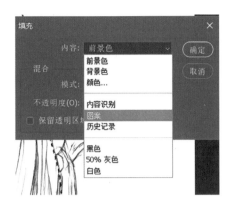

图2-192　　　　　　　　　　　　　　　　图2-193

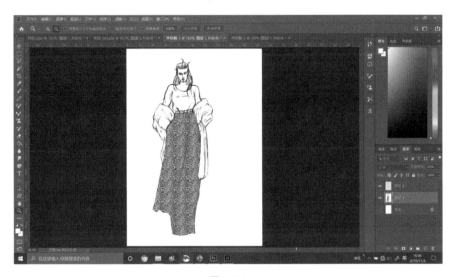

图2-194

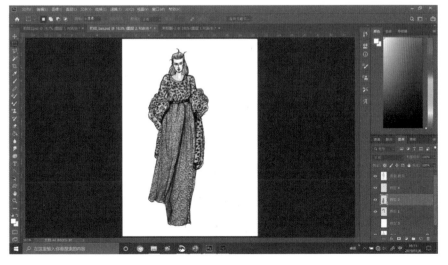

图2-195

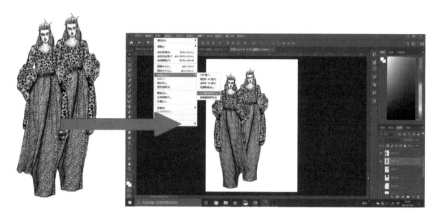

图2-196

图2-197

图2-198

图2-199

图2-200

2.单色填充和渐变填充

（1）打开一张服装画，设置背景透明。然后新建一个背景图层放置在人物图层下端（图2-201）。使用魔棒工具点取人物背景，按菜单中"选择—反向"，得到人物外轮廓虚线。

图2-201

（2）使用"移动工具"，同时按"Alt"键移动、复制出一个相同的人物。将新复制的人物全选后选择一个深灰色，使用"油漆桶工具"进行单色填充，做出一个人物投影（图2-202）。

（3）使用矩形选取工具制作一个背景选区，选一个"中灰色"，进行"编辑—填充—填充前景色"。之后将人物投影和背景板的图层样式改为"正片叠底"效果（图2-203），这样

图2-202　　　　　　图2-203

就为服装人物做了个简单的背影叠加效果。

（4）也可以使用矩形选取工具做其他背景效果。例如，把矩形选取方式改为"相加选取"。然后在背景做一些矩形的相加图形，最后选择区域如图2-204所示。我们再次选择"编辑—填充—填充前景色"，填充效果如图2-205所示。

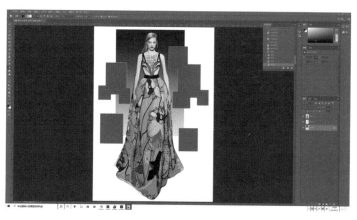

图2-204   图2-205

（5）将填充后的区域选择"编辑—描边"，描边值为"5"，位置"居外"，这样就为背景的隔断做出了一个边框描边效果。

边框描边是比较常用的一种图片装饰形式，制作方法主要依托于边框的制作，然后使用"编辑"下拉菜单中的"描边"即可。

（6）如果觉得做的背景效果不好看，还可以增加使用渐变填充的效果。那么，继续在这张图上使用魔棒工具点取部分背景板，选择渐变工具并在属性对话框选择"线性渐变"，这次我们选择线性渐变的倒数第二项效果"透明条纹渐变"（图2-206、图2-207）。

填充效果如图2-208所示。通过两个图层的叠加，背景板呈现出虚实相间的感觉，具有了较为深入的层次感。

图2-206

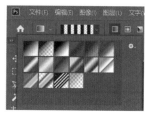

图2-207

图2-208

（7）当然一张图纸不可能只用色彩填充和面料填充来完成，比如裙子上的图案填充使用的就是仿制图章工具。我们使用上述各种工具进行填充后就完成了画面80%的设计，其他细节还是需要认真仔细地进行绘制和修正的。最终效果如图2-209所示。

图2-209

四、使用图层和蒙版

图层这个概念原本来自动画设计领域，以前为了减少工作量，动画制作人员会使用透明纸来绘图，将动画中的变动部分和背景图分别画在不同的透明纸上，这样背景图就不必重复绘制，使用时叠放在一起即可。现今Photoshop将图层这个概念融入软件的运用中。在Photoshop里图层作为一个独立的浮动面板有着非常强大的编辑功能，可以非常方便地让使用者做出新奇的多种特效。

1. 图层的主要特点

（1）独立性：图像中的每个图层都是独立的。当移动、调整或删除某一图层时，其他的图层并不受其影响，依旧保留原来效果。

（2）透明性：Photoshop里面的图层具有透明的属性，可以把它看作是透明的胶片，每一个图层上的图形在没有叠加到下面的图形时都可以呈现原貌，相当于将众多的图层按一定 顺序叠加在一起，便可得到复杂的图像。

（3）合成性：Photoshop里面的图层由上至下叠加在一起，并不是简单的堆积，而是通过控制各图层的混合模式和选项之后相互混合叠加在一起，得到形式多样的图像合成效果。这个特点使得Photoshop做出的效果千变万化，只要善于思考基本上没有什么效果是不能够达到的。

2. 图层的主要分类

（1）普通图层：是指用一般方法建立的图层，同时也是使用最多、应用最广泛的图层，几乎所有功能都可以在上面得到应用，下面介绍三种建立方法。第一种建立方法：使用"图层"—"新建"—"确定"；第二种方法：按"Ctrl+Shift+N"组合键；第三种方法：直接单击图层面板底部的"创建新图层"按钮，可快速创建一个普通图层。

（2）背景图层：是一种不透明度的图层，叠放于图层的最下方，不能对其应用任何类型的混合模式。当打开一幅有背景图层的图像时，图层面板中的"背景"层的右侧有一个锁状图标。

（3）文字图层：是一个比较特殊的图层，一旦在图像窗口中输入文字，图层面板中将会自动产生一个文字图层。文字图层具有独立编辑功能，如果想做出和其他图形一样的效果则需要"栅格化"文字图层，将其变为普通图层。

（4）蒙版图层：蒙版是图像合成的重要手段之一，图层蒙版中的颜色控制着图层相应位置的透明程度。在图层面板中，蒙版图层的缩览图的右侧会多显示一个蒙版的图层方框。

（5）填充图层：填充图层可以在当前图层中进行色彩（纯色、渐变）或图案填充，并结合图层蒙版的功能，产生一种特殊遮盖效果。

（6）调整图层：是一种比较特殊的图层，这种类型的图层主要用于色调、色阶、对比度等色彩的调整。按图层面板下方的调整图层图标可以快速建立调整图层（图2-210）。

（7）形状图层：是使用工具箱中的形状工具在图像窗口中创建图形后，图层面板自动建立的图层。在图层面板中，如选择形状图层为当前图层，在图像窗口中便会显示该形状的路径。此时，可选取工具箱中的各种路径编辑工具对其进行编辑。

图2-210

3.蒙版的概念

蒙版是Photoshop里的一个有趣的图层工具。它的功能相当于一个"遮挡板"，也就是在图像前面挡一块"板子"，不过这个"板子"不是普通的全封闭挡板。它可以是不透明的，也可以是半透明的，可以是封闭的，也可以是半封闭的。用好这个工具有利于我们做出多种服装面料的质感变化来，如面料之间的叠加、透叠、镂空等效果。

蒙版的使用通常是和图层结合的。通过图层的叠加关系和蒙版的前后遮挡关系，就可以做出非常有趣味的效果图。

4. 图层和蒙版结合使用实例

（1）使用图层和蒙版工具制作服装画文字背景效果。

软件：Photoshop

工具：Wacom 数位绘图板

使用重点：图层、蒙版

①打开一张尚未制作背景的效果图（图2-211）。

②使用魔棒工具选择图像的空白背景，然后按"Shift+Ctrl+I"（选上的是人物本身），执行"拷贝"—"粘贴"，此时就多了一个相同的图像图层。关闭背景图层的显示，可以看到这两个图层的叠加关系，其中一个图层是有白色背景的，另一个没有背景色，是透明的（图2-212）。这样就可以很方便地去移动没有背景的人物进行排版。

图2-211

③对其中一个图层执行镜像，得到一个相反的图像。合并这两个图层使它们在同一个图层上（图2-213）。然后新建一个"透明图层3"，放置在人物图层的下方（图2-214）。

④用矩形工具在画面上选取一个方框（图2-215）。按图层面板下方的添加蒙版快捷键，可以看到图层面板上"图层3"出现一个关联蒙版——周围黑色中间白色的方框（图2-216）。

⑤选择透明图层的一边，然后执行"编辑—填充—图案填充"（图2-217、图2-218）。

⑥填充完图案后，透明图层空白部分就完全被填充了，但是画面却由于蒙版遮挡的关系出现了有趣的分割画框。这是由于被蒙版遮挡的部分无法显示，于是就出现了如图2-219所示的画面效果。

图2-212

图2-213

图2-214

图2-215　　　　　　　　图2-216　　　　　　　　图2-217

图2-218　　　　　　　　　　图2-219

⑦新建一个文字图层键入文字"花则小南"（图2-220）。然后栅格化图层，将文字图层转为普通图层。使用魔棒工具点选画面空白处，然后执行"选取—反向选取"选择文字，文字的边缘会出现如图2-221所示的"蚁线"。

⑧执行"编辑—自由变换—放大"把文字周围边框进行拖动，调整到自己想要的大小。

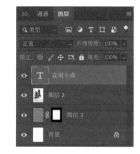

图2-220

⑨再次添加蒙版，选择一个灰色纹理素材执行"编辑—图案填充"，将图层透明一侧覆盖（图2-222、图2-223）。

⑩做一个切割渐变效果。使用矩形选框工具以横向条的形式选取文字部分，做出切

图2-221　　　　　　　　图2-222　　　　　　　　图2-223

割效果。然后使用渐
变工具进行填充（图
2-224、图2-225）。

⑪若效果不佳也
可以制作其中效果。
再次执行"反向选
择"，制作一次反向渐
变（图2-226）。总之，
各种效果都是根据自
己想要的感觉来做。

图2-224　　　　　　　　　　图2-225

通过这些内容是为了让大家更好地体验蒙版和图层的结合。也
是让大家明白，蒙版的概念简单理解就是个画面"遮挡片"。
只不过这个遮挡片是可以进行虚实和渐变等变化的，并且还是
可以加入图案进行编辑的"遮挡片"，在今后的作图过程中可
以灵活地进行运用。

图2-226

⑫为了丰富画面，可为人物添加一个图片背景。首先选择
一张背景素材，这里选用了一张绘有梅花的图片。然后对图片
进行"全选—拷贝"（图2-227）。

⑬图层浮动面板中选择带有人物的"图层2"，执行"编
辑—粘贴—贴入"，此时将自动生成一个新的"蒙版图层"——
图层4，素材在左，蒙版在右（图2-228）。

⑭按"Ctrl+T"变换梅花图片素材大小后使用"移动工
具"放置到画面合适的位置。

图2-227

这样这张作品就成为一张带有文字和图案背景的完整时装画作品了（图2-229）。多次图案叠加背景编辑效果最终如图2-230所示。此案例旨在讲述蒙版和图层的综合运用。要做出其他的背景，其实还有很多方式，需要大家自己研究并综合运用。

图2-228　　　　　　　　　　图2-229

（2）使用蒙版制作人物投影。Photoshop的蒙版不仅可以制作一些遮挡效果，还可以制作一些其他特效。之前我们曾经使用填充选区的方式制作过人物的投影，下面是另一种制作人物投影的方法，它是通过编辑蒙版来完成的（图2-231）。

图2-230

图2-231

①新建一个文件，新建线稿图层使用画笔工具绘制效果图线稿，这里用的是干介质画笔中的炭笔笔刷（图2-232）。

②使用多边形选取工具或路径选取工具对服装人物外边框制作选区，然后使用图案填充和色彩填充完成上色（图2-233）。服装人物色彩填充完毕后，将所有上色的人物图层合并，并将背景的白色去掉，也可关闭背景图层的左侧可视"眼睛"图标，使背景隐藏，文件显示背景为"透明"（图2-234）。

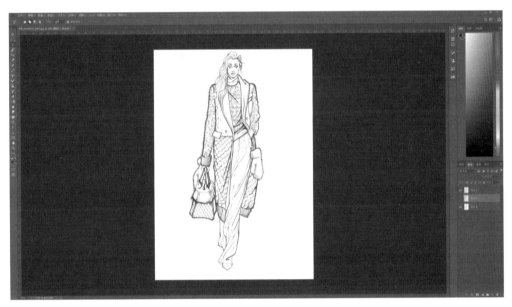

图2-232

图2-233

图2-234

③按图层面板下方的快捷图标"新建一个蒙版图层"。此时图层面板将会自动生成一个带蒙版链接的图层（图2-235）。将左侧的图层"方框"选中，使用渐变工具填充色彩，如图2-236所示。

图2-235

图2-236

④将之前手绘人物图层拖拽到蒙版图层上层，这时投影就会在人物的后面了（图2-237）。然后移动渐变的投影到合适的位置，利用蒙版这个工具就做出了一个渐变投影效果。如果对投影大小不满意还可以利用变形工具来改变投影的大小和方向。

⑤使用"编辑—自由变换—放大缩小"对变形框的几个顶点进行推拉，拉伸到合适的大小之后双击鼠标确定，这样就作出一个人物的投影（图2-238）。

⑥以此类推可以用这个"自由变换"做出多种特效和斜拉变形的投影来（图

2-239、图2-240)。结合其他多种工具还可以对投影做出其他效果，比如散开、爆破、光晕、波浪、渐隐等，这些更为复杂的特效需要对软件有更深入的学习和了解才逐渐可以达到。

图2-237

图2-238

图2-239

图2-240

第六节　使用Photoshop滤镜制作服装面料的方法

当前各种Photoshop教学的参考书中都大量地讲述了面料的制作方法，另外在日常作图的过程中其实很多面料素材都是可以通过扫描仪扫描得到的。在此处我们选择几种具有代表性的面料制作方法来学习，目的是熟悉Photoshop中滤镜菜单的使用方法。

一、毛编织面料

（1）建立一个新的文件，使用钢笔工具做出如图2-241所示图形，然后使用转换点

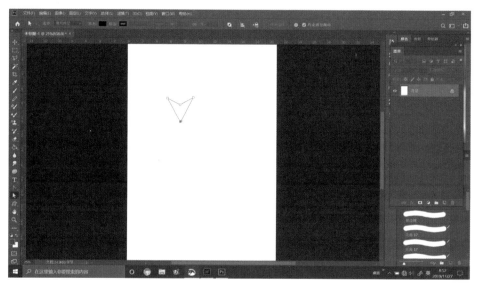

图2-241

图2-242

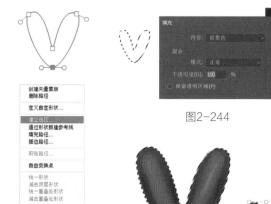

图2-244

图2-243　　　　图2-245

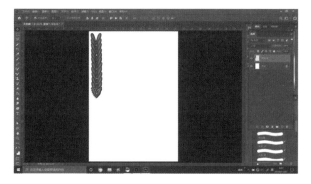

图2-246

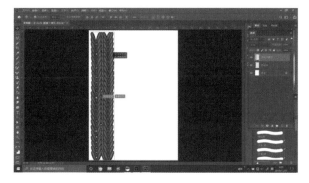

图2-247

工具和直接选择工具等调节图形，最后调整基本型为毛织针法元宝针单针图形（图2-242）。

（2）将路径转换为选区，同时新建一个图层待用（图2-243）。

（3）执行"编辑—填充—填充前景色"这里选择的是蓝色（图2-244），填充完毕之后使用工具栏的"减淡"和"烧黑"工具对造型进行立体塑造——凹陷处用烧黑工具，凸起处使用高光工具。这样就做好了一针的效果（图2-245）。

（4）选择移动工具，同时按下"Alt"键对造型进行移动复制（图2-246）。

（5）纵向移动复制完毕之后，再进行整列的横向移动复制，将画面基本铺满（图2-247、图2-248）。这时可以看到图层面板里每移动一列就会自动新建一个图层，因为在单独的图层上是比较方便进行调整行距的（图2-249）。如果排列不够整齐则可以调节单独的图层进行修改。当最终效果达到满意之后则可以选择合并背景以外的所有图层（图2-250、图2-251）。

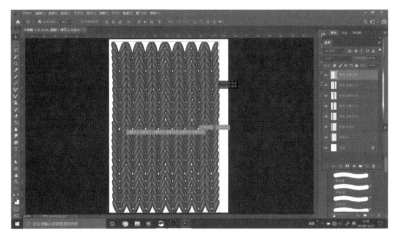

图2-248

图2-249

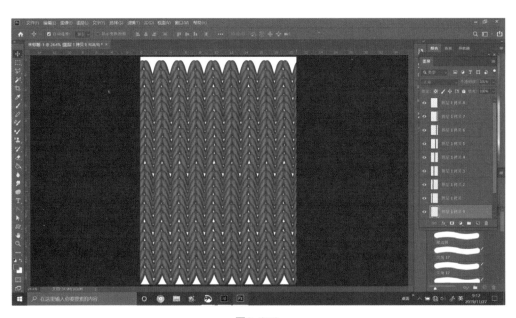

图2-250

（6）图层合并完毕之后将背景图层填充一个比前面颜色略深的颜色，这样前面毛织物由于有了映衬层次会显得更加丰富一些（图2-252）。

（7）对合并后的毛织图层执行"滤镜—杂色—添加杂色"（图2-253、图2-254），毛织物上出现了颗粒状的杂色，然后再次执行

图2-251

图2-252

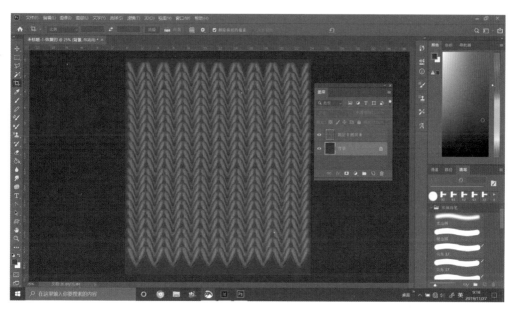

图2-253

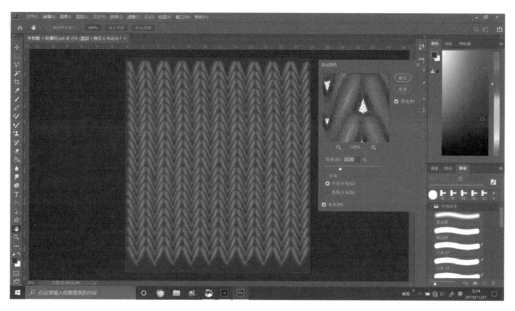

图2-254

"滤镜—模糊—动感模糊"这样毛织物的毛绒感就制作出来了（图2-255、图2-256）。

（8）使用裁剪工具选择面料中比较完整的部分做裁切，得到一个上下左右全部都完整的面料（图2-257）。执行"编辑—自定义图案"，给面料起名"毛织面料"后按"确定"（图2-258），这样就把毛织物载入到面料图案库中了。

（9）下面使用面料填充看一下效果。打开一张需要进行填充的线稿图，新建一个填充图层叠放于线稿图下方，然后使用多边形选取工具做填充部位的选取。做好选取后执

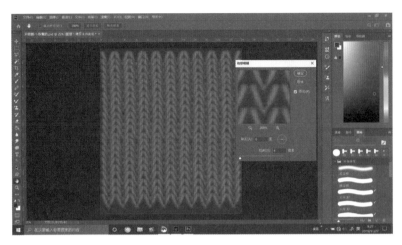
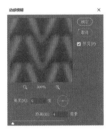

图2-255   图2-256

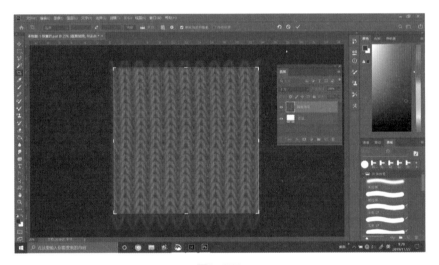

图2-257

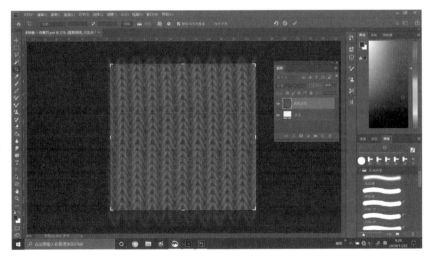

图2-258

行"编辑—填充—图案填充"。在图案库最后一项可以找到刚才制作的元宝针图案毛织面料效果（图2-259、图2-260）。

（10）以此类推，可以通过制作多种"毛织单针"图形进行编辑和排列做出多种毛织面料（图2-261）。填充色彩和制作拉毛效果的方法雷同。

图2-259

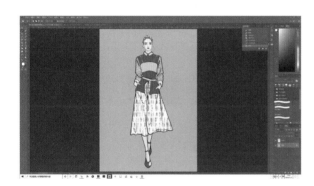

图2-260

图2-261

二、方格图案面料

（1）新建一个透明文件（图2-262），然后使用矩形工具在文件上做三条平行的条纹，条纹的色彩和宽窄都可不同（图2-263）。

（2）使用矩形工具截取三个条纹的中段。注意这三个条纹的截取是在透明图层上进行的，并且截取时要完整，不要在头部或者尾部截取，一定要截取中段（图2-264）。截取完成后执行"编辑—自定义图案"。

（3）新建两个图层分别进行图案填充（图2-265、图2-266）。

（4）将其中一个填充图层进行旋转，使用的是"编辑—变换—顺时针90度"（图2-267）。

（5）使用裁剪工具对完整的部分进行裁剪（图2-268）。然后将其定义为自定图案载入材质库就可以使用了。

（6）将方格"图层1"的图层样式做成"叠加"，将方格"图层2"的图层样式改为"线性加深"（图2-269、图2-270）。这样就做好了一个符合自己设计要求的方格面料。

图2-262

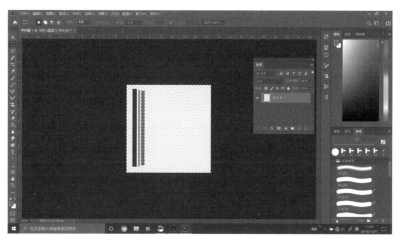

图2-263

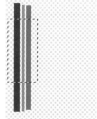

图2-264

图2-265

图2-266

其实在作图的过程中可以发现通过改变图层样式，完全可以得到更多不同种类的方格面料。这些面料都可以分别定义在面料材质库中供我们以后设计时使用。

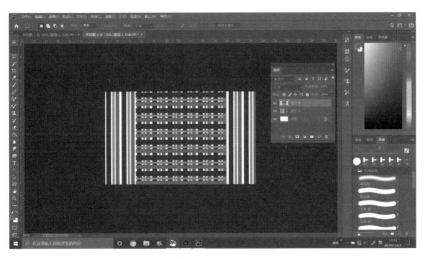

图2-267

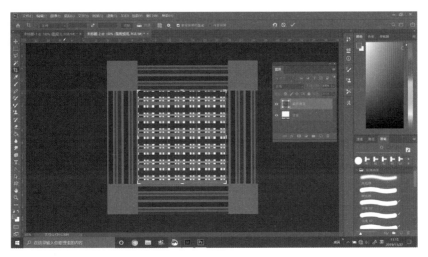

图2-268

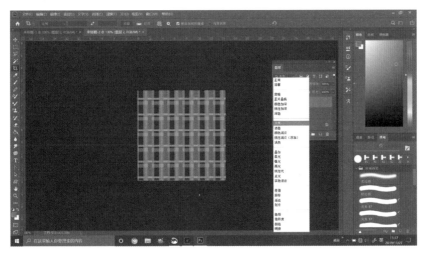

图2-269

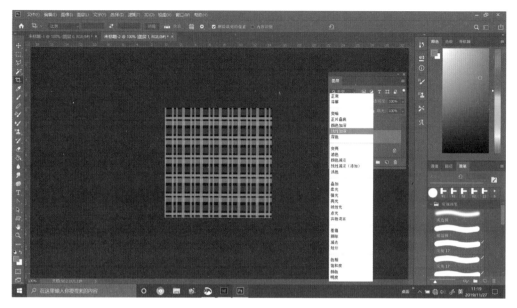

图2-270

（7）打开一个图稿实验一下方格的效果。选择一个区域用刚才的方格面料图进行填充（图2-271）。在这之后还可以利用蒙版和图层编辑工具做出更好的效果，这里就不再叙述了。

三、豹纹图案面料

（1）新建一个空白文件15cm×15cm，在背景图层的基础上建一个新图层。然后使用套索工具绘制一些不规则的类似于豹子毛皮斑点形状的选区（图2-272）。

（2）使用油漆桶工具进行色彩填充，选择填充"黑色"（图2-273）。填充完毕之后执行"拷贝—粘贴"将所作豹纹斑点多次粘贴于文件空白处，个别图层使用"编辑—自由变换"来改变豹纹

图2-271

斑点的位置和大小。使用"移动"工具将这些粘贴好的图层移动到合适的位置，效果如图2-274所示。

（3）使用油漆桶工具填充背景图层的色彩为黄色。之后执行"滤镜—杂色—添加杂色"，勾选"单色"和"平均分布"（图2-275）。此时背景的色彩成为拥有杂色点的色彩显示（图2-276、图2-277）。

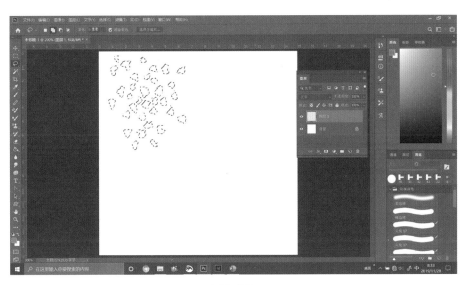

图2-272

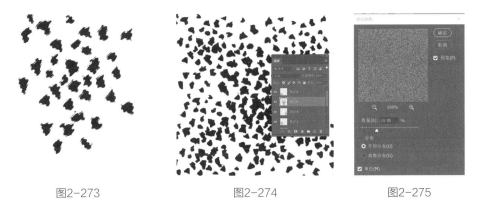

图2-273　　　　　　　　　图2-274　　　　　　　　　图2-275

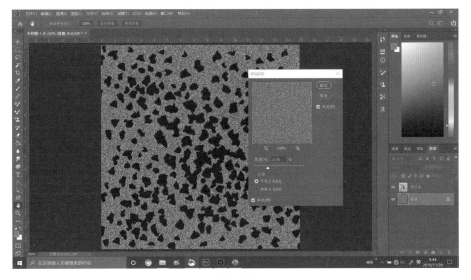

图2-276

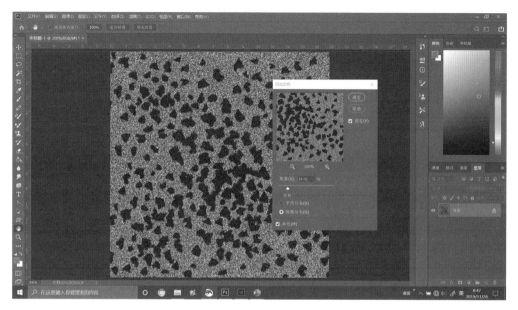

图2-277

（4）合并所有图层，执行"滤镜—模糊动感模糊"，进行数值和方向的调节，观察一下纹理拉动的方向，到合适的时候按"确定"（图2-278）。

（5）执行"全选—复制—粘贴"，出现一个新的图层，图层样式选择"柔光"（图2-279）。这时上下图层之间产生了一个叠加的效果。

（6）执行"编辑—自由变换"，先旋转画布将上下图层的豹纹斑点分离开，然后拉动外框调整大小，使上面的画布铺满下面的画布。这时豹纹的肌理已经做得十分逼真了（图2-280）。

（7）打开需要填充豹纹图案的图纸，选定选区后填充，效果如图2-281所示。

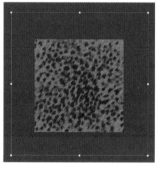

图2-278

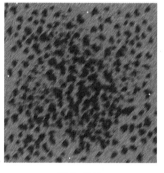

图2-279

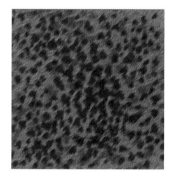

图2-280

图2-281

四、四方连续图案面料

（1）新建一个透明文件，然后将标尺打开为显示。横向和纵向各拉出一条辅助线在中间1/2处（图2-282）。

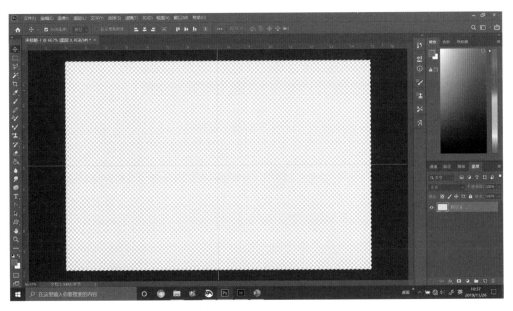

图2-282

（2）用Coreldwan矢量图软件做出一个图案或图形（图2-283）。将其导出为psd透明文件，到Photoshop里面打开文件。全选文件图形部分，然后执行"编辑—拷贝"。

（3）在新建透明文件的中心位置粘贴刚才拷贝的图形文件（图2-284）。

（4）执行"滤镜—其他—位移"，在对话框中先挪移横向x轴将图像移动到画面的两侧（图2-285），然后再拉动纵向y轴的数值，将图案拉动到四个边角的方位（图2-286）。

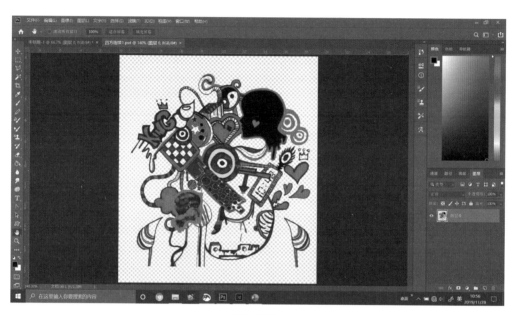

图2-283

图2-284

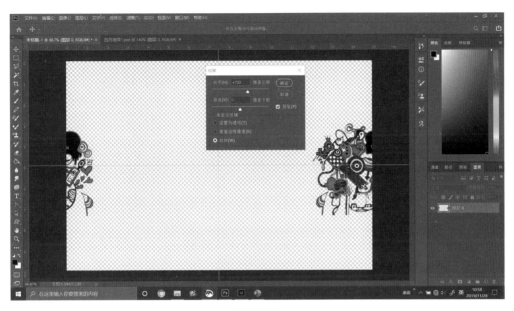

图2-285

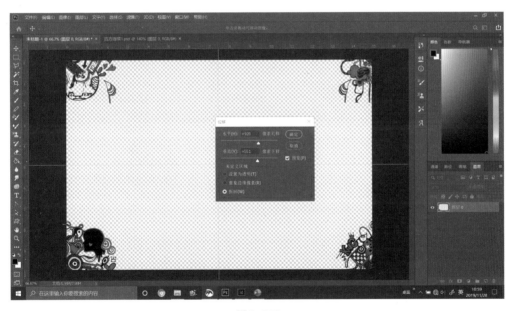

图2-286

（5）再次在中间粘贴一个图案，这里是又继续做了一个反向的图案作为变化（图2-287、图2-288）。

如果做两个不同图案的连续就可以在此补充第二个不同的图案了。

（6）执行"编辑—定义图案"将其载入图案库中。重新新建一个空白文件，然后建一个新图层执行"编辑—填充—图案填充"，刚做好的图案就以四方连续的形式填充进去了（图2-289）。为做好的图案选择背景颜色，选定选区进行填充，完成四方连续面

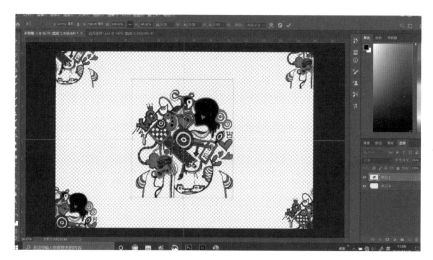

图2-287

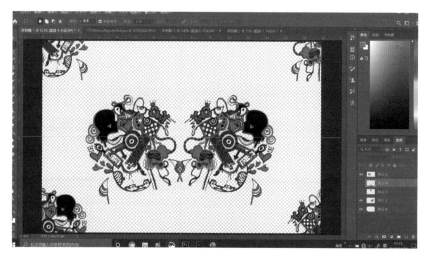

图2-288

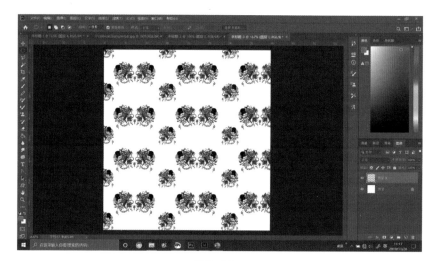

图2-289

料的填充使用（图2-290~
图2-292）。通过上述方式可
以很方便地进行多个花型的
四方连续纹样设计。

　　上面利用Photoshop的
滤镜菜单制作了几种面料，
主要目的是熟悉滤镜这个菜
单的一些功能，面料的制作
当然不仅限于使用"滤镜"
这一方式，还需要不断深入

图2-290

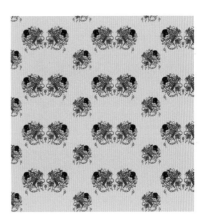

图2-291

地学习。随着服装设计行业发展，大众越来越重视个性化的定制设计，定制设计往往非
常重视面料的创新。因此设计师也必须掌握一定的面料设计能力，才能更好地服务于整
体设计。

图2-292

　　下面这两幅图是学生上课的面料填充作业，作品风格很有特色。所以，学会制作一些
专属面料，对于服装设计的风格和特点方面提升作用还是很大的（图2-293、图2-294）。

图2-293
作者：杨一岚

图2-294
作者；杨一岚

第七节　使用人体模型绘制系列服装设计效果图

在当前电脑辅助设计极为流行的趋势下，我们经常会看到很多系列服装设计和各类比赛效果图会采用数码设计软件进行效果图绘制。这类图纸通常会有一个共同的特点，即人物整齐划一、设计排版规范、构图错落有致，相比传统手绘效果图，它似乎更符合现代人的工作节奏和审美趣味（图2-295）。这类图制作起来其实非常省时省力，拥有视觉效果和作图速度的双重优势。并且它也可以有效弥补部分从业人员手绘能力弱的不足。比如在图纸中可以使用摄影人物素材进行编辑重构，还可以利用三维设计软

图2-295

件制作的人体模型进行服装穿套设计。由于其制作方法简单、素材易得、图纸效果提升显著，所以为很多初学电脑设计的人所喜爱。基于这种情况，模板制图方式的广泛流行并不是一种偶然，而是一种科技发展的必然结果，它必将引领未来服装设计的一种发展方向。下面就如何使用Photoshop来制作这种类型的图纸进行实例讲解。

一、手绘人体模型的制作与使用

1. 人体模型制作

（1）使用画笔工具按照服装人物比例绘制服装人体（图2-296）。个人比较主张使用画人体的方式来建设专属人体模型，因为这样制作出来的图纸虽然也比较机械，但毕竟人物造型还是有个性和特点的，避免过于雷同没个性。当然，也可以使用网络上下载的人体模型库。这种模型库是其他设计人员预先制作好的，通常有两类：一类是平面的摄影模特；另一类是靠三维软件建模制作好的人体模型，比如"Poser"这个三维模型软件制作的人体模型还是非常不错的。

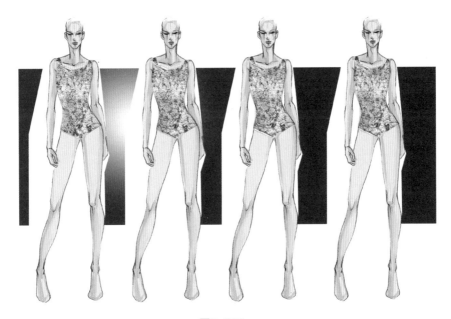

图2-296

（2）平时可以多画几个角度和姿态的人体模型进行保存。如果可以，四肢和躯干可以都分开画，多画几个四肢伸展方向，这样在后续使用人体的时候也方便将人体模型变化角度、姿态及局部分离使用（图2-297）。

（3）人体模型绘制，可以先绘制修整出一个完整的人体姿态，然后镜像复制出另外一个相反方向的人体模型（图2-298）。

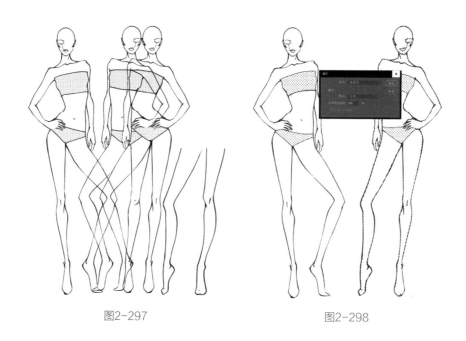

图2-297   图2-298

（4）使用快速选取工具或套索工具等选取人体模型需要上色的部分（图2-299）。

（5）在调色板上选择皮肤的颜色，然后使用"编辑—填充—填充前景色"（图2-300）。

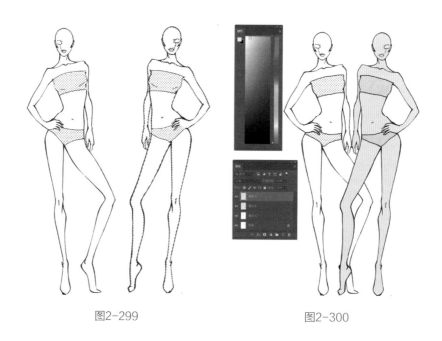

图2-299   图2-300

（6）将刚才选取的人体模型进行平铺色彩后再次选取另一个人体模型，重复上述步骤。将另一侧的人体模型填充上想要的肤色。为了对比明显，这里将另一个人体模型填

充了深棕色（图2-301）。由于现在时尚舞台国
际化趋势明显，所以，做服装设计的人体模型时
可以多做几种肤色的人体模型。做好这些人体模
型后需要建立专用的文件夹进行储存，例如可以
在电脑资料盘中新建素材库文件夹，文件名为
"人体模型库"。这个文件夹下面还可以单独设子
文件夹，例如站姿、坐姿、蹲姿、运动等，方便
以后设计服装时提取使用。

（7）使用画笔工具丰富人体模型光影和立
体效果。

人体模型效果要根据自己日常的绘画风
格来设定，有的设计师喜欢写实风格的，那
么人体模型的制作就要真实细腻一些；有些
设计师喜欢平面简约效果的，人体模型就
可以简单绘制；还有的设计师喜欢时尚变
形风格的，人体模型也可以根据自己的想法
制作。

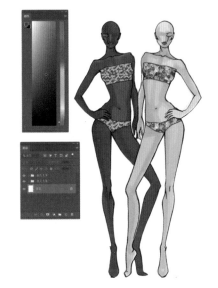

图2-301

（8）当人体模型绘制完成后，将背景隐藏
或直接抠除，此时人体模型的背景就成为透明的
了（图2-302）。做成这样就可以储存在模型库
里了，记得保存的格式最好为Photoshop的默认
格式".psd"。原因是在以后使用时方便人体模
型图层的单独导入。

（9）如果做系列设计的话，可以将做
好的人体模型使用移动复制的方法进行复制
（图2-303）。移动复制即全选人体模型后使用
"移动工具+Alt"，按住鼠标不放，移动鼠标到需

图2-302

要出现人体模型的地方点击，每停留一下就会出现一个相同的人体模型。这样就可以得
到若干个一模一样的人体模型在图上备用了。

（10）在移动复制后还可以使用另一个编辑工具"操控变形"（图2-304）。它可以
在之前"自由变换"和"透视变形"的基础上进行更为复杂的变形。通过"图钉"固
定、网格变形结合的方法进行局部固定、局部拉伸，这样就实现了人体模型动作方向性
的微调和局部的造型变化（图2-305）。相比之前版本的变形功能有着很好的效果。

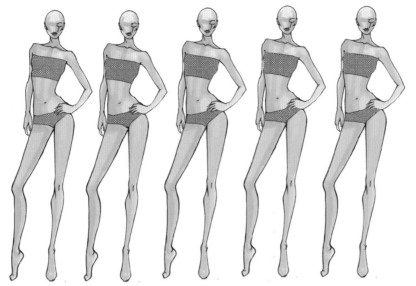

图2-303

图2-304

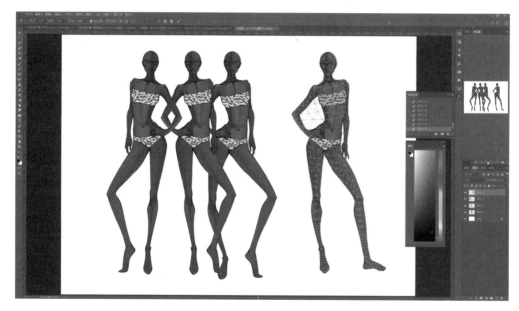

图2-305

2. 服装穿套练习

（1）从人体模型库里提取一个人体模型放置在新建的文件里，最好单独一个图层（图2-306）。

（2）打开一个平时制作好的平面款式图，背景为透明（图2-307）。将平面款式图拷贝粘贴到新的图纸里面，观察一下款式和人体模型的比例关系（图2-308），如果相差过大可以进行适当的比例更改。更改方式为"编辑—自由变换"，可以进行放大缩小

　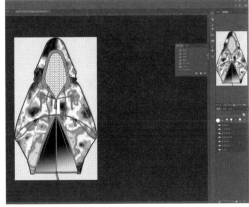　

图2-306　　　　　　　　　图2-307　　　　　　　　图2-308

和倾斜、透视、旋转等变换。

（3）将平面款式图的图层放于人体模型图层的上方，形成叠压的图层关系（图2-309）。这个时候人体模型就被上层的款式图覆盖住一部分，一般来说图层样式都是默认为"正常"，这种图层关系是不透明的。

（4）将款式平面图的图层样式设置为"正片叠底"，即图层透明叠加的一种模式（图2-310）。这样做的原因是可以很方便地看出里面的人体模型和外面的服装之间的叠压关系，方便进行局部位置和内部空间的调节，比如服装贴体部分和服装离体部分的空间调整。

（5）使用"编辑—操控变形"调节图钉的位置来改善款式图的局部位置变化。服装与人体模型的关系从图2-309所示的不合适到如图2-311所示的合体变化，都是依赖于"图钉"调节的功能。

操控变形的要点主要是那些"图钉"的位置是否合适。首先要把不打算进行活动的部分用"图钉"钉上，这样人物就不容易跑偏了。

（6）当服装的位置调节好以后可以恢复款式图图层样式为"正常"。由于现在做的这款服装的面料需要一点透明的效果，所以此时将图层恢复正常后调节"填充值"为70%左右（图2-312）。这

图2-309

图2-310

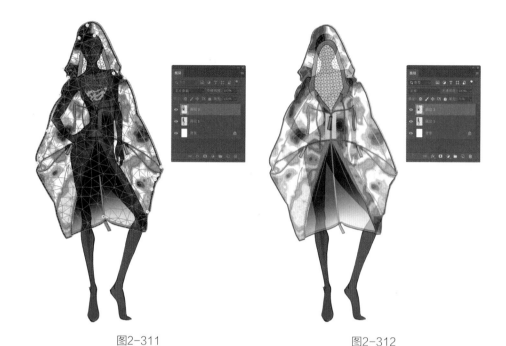

图2-311　　　　　　　　　　　　　图2-312

样服装面料和人体模型之间就有了一些若隐若现的感觉了。

（7）做好一个人物图后，可以将其放在一个固定的图层
群组里备用（图2-313）。

　　系列服装设计的人体模型制作最好做成手脚和躯干分离
的状态，如图2-314所示，方便在调整穿套服装人体模型的
姿态时更换其中的手臂或腿。

（8）将人体模型做一点小变化，做出图纸上的另外一个
人物。重新提取人体模型，将人体模型做适当的姿态变形，
方式仍然可以使用"操控变形"工具（图2-315）。

图2-313

（9）人物的面纱局部想做透明效果，所以这里先将它剪切下来（图2-316）。然后
新建一个"面纱"图层，"编辑—选择性粘贴—原位粘贴"。这样面纱就严丝合缝地粘回
到原来的位置了，只是存在于新的图层中（图2-317）。

　　"原位粘贴"是个非常有用的功能，它可以很方便地分离图层，然后在新图层中制
作有趣的编辑效果。

（10）将新的"面纱图层"的图层样式设置为"变亮"或"正片叠底"都可以（图
2-318）。一个视觉效果上亮一些，一个视觉上感觉暗一些。可以多尝试，选择自己最
喜欢的一种叠加效果。

（11）将制作好的多个人物图进行排列，然后统一制作背景，填写好文字和设计说
明，包括料样色卡等，这样就可以做出系列设计的效果图了（图2-319）。

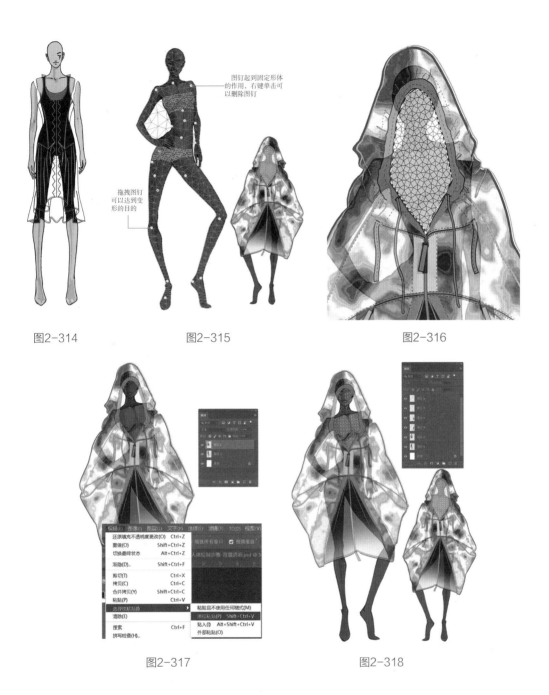

图2-314 图2-315 图2-316

图2-317 图2-318

　　上述的图例中我们重点介绍了"操控变形"功能。利用操控变形功能使得内部人体模型和外部的服装产生贴合的感觉。但"操控变形"并不是万能的，不是所有的款式图都可以利用这个功能与所有人体模型贴合。一般选用的人体模型动作最好要适合款式，而款式图也最好结合人体模型的动作进行绘制。比如我们可以以人体模型为底版，然后新建图层直接在人体模型上绘制款式图。这样后续需要调整的部分就会很少了，其相互之间的贴合度也更加完美。

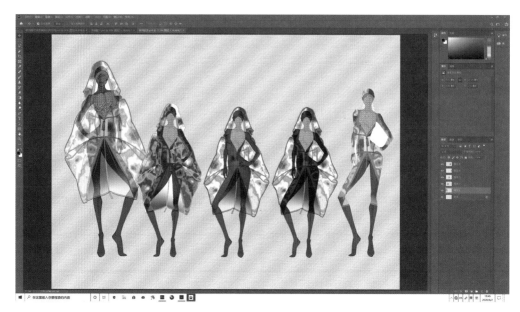

图2-319

3.使用人体模型的注意事项

（1）一般来说正面直立展示的人体模型会比有形体动作的用得更多一些，其用途也更加广泛，所以可以在进行服装穿套之前先多复制出一个人体模型放在一边（图2-320）。这样就不会因为后续工作把原始的母版破坏掉，而且也随时可以再次进行局部复制使用。

（2）在服装人体模型的形体表现中躯干部分的动作通常情况下幅度并不大，多数都是四肢和头部的方向表现。所以，在人体模型使用中可以将其进行切割和分解使用。一般我们可以把四肢分别切割下来单独保存在不同的图层，这样方便先在躯干上穿服装最后安装四肢。人体模特的四肢及手脚可以根据躯干活动范围多制作几种伸展方向，方便随时变换动作（图2-321）。

（3）一般来说，穿套服装一定要建立

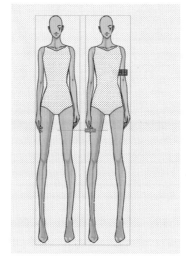

图2-320

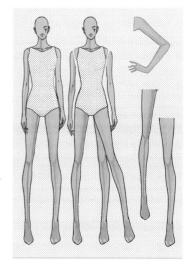

图2-321

新的图层，这样方便后续的位置调整。通常先穿套合体的内穿服装，后穿套宽松的外套，穿套完毕后调整一下图层的上下顺序，擦除掉不需要的多余的部分。

（4）最后把分解的四肢可以根据款式要求最后安装在需要裸露出的位置（图2-322），把不需要裸露的位置沿服装结构擦除，如袖口、领口、底摆边等。

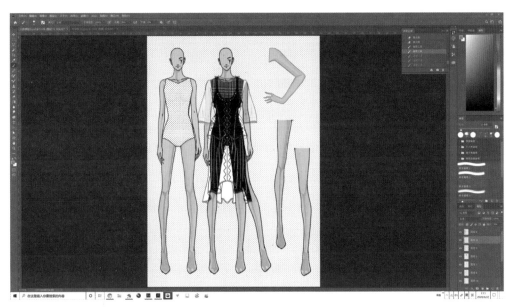

图2-322

二、摄影素材人体模型的制作与使用

1. 分解摄影素材组合人体模型

目前有一类以摄影人物和三维人体作为人体模型的效果图。其制作原理也是将模特的头、四肢、躯干进行分解组合，然后结合款式图的套穿形式来重新构成。

摄影图片类的人体模型，可以先将身体的部分做一个半透明的遮挡图层，把人物的头部和脚或者四肢留在外面，这样方便做穿套服装练习使用，这个挡板一般是单独做一层（图2-323）。

这种方法多数都是先找到一个清晰的模特头像图片，然后抠除头像背景（图2-324）。再将这个头像粘贴在事先准备好的人体上（图2-325）。

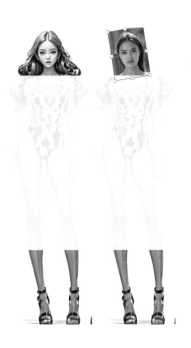

图2-323

这样的头部素材我们平时有时间可以多抠出一些备用。最好多选择几个角度，配合不同的方向的躯干使用，发型最好也多一些变化。

2. 利用Photoshop通道制作服装设计摄影素材人体模型

（1）首先找到一张人体素材（图2-326）。单击右键复制一个同样的背景图层，将原来的背景图层左侧的可视关闭（图2-327）。

（2）打开通道面板观察"红、绿、蓝"三个通道，发现最清楚的是蓝色通道（图2-328）。

（3）由于我们的目的是想将模特从背景里面完整地剪切出来，放在透明背景上，所以此时一定要找色阶和明暗对比度最明确的一个通道，这里选择蓝通道。

（4）用鼠标点击蓝色通道，按

原照片

抠出背景

平时多做一些头部，方便不同风格的服装设计使用

图2-324　　　　　　　图2-325

图2-326　　　　　　　图2-327

住鼠标不放，拖拽到新建通道图标，此时将自动生成一个"蓝拷贝"通道（图2-329）。这样做的目的是在做后面的编辑时不破坏原来的图片，然后关闭掉其他通道的可视性。

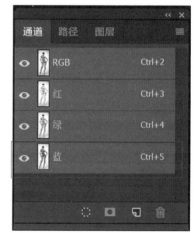

图2-328

图2-329

（5）选择"图像—调整—色阶"（Ctrl+L），出现色阶对话框然后对图像进行调整，进一步拉大对比和边缘界限，最好把背景的色彩完全拉成白色。如果你找的素材背景上有一些复杂的杂色，那么用画笔工具修掉也是可以的（图2-330）。调节到人物的边界清晰可见，与背景完全脱离开。

（6）寻找人物的边界，最好做一个选区，将人体部分完全涂成黑色（图2-331）。文中选择的这张图调节完色阶背景就比较干净了，很容易做选区填充。如果选择的图片背景上还有杂质，可以用画笔工具选择白色刷掉。当然如果人物身体的部分还有空白没有涂黑也可以选择黑色画笔进行覆盖。但一定要注意这里只能用纯粹的黑色和白色，不要用彩色。

（7）在通道面板里将"RGB"通道的可视性打开，这样就成为全通道显示。看一下图片发现刚才的人物变成了红色覆盖的视觉效果（图2-332），这个"红色"其实是个类似"快速蒙版"的挡片，再观察一下边缘是否平滑。如果该选上的部分都已变红就是选好了，如果还有局部没有覆盖就用黑色画笔再仔细描画一下就好。画笔虽然选择的是黑色，但画上去应该是红色的遮罩。

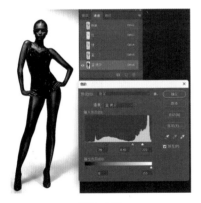

图2-330

图2-331

图2-332

（8）回到"蓝拷贝"通道，使用魔棒工具选择黑色部分，关闭"蓝拷贝"的可视性，看到图片再次恢复到初始状态，只是人物边缘出现了作为选区的"蚁线"（图2-333）。

（9）按"Delete"键将背景删除。此时这个人物就成为背景透明的人体模型了（图2-334）。没有了背景的杂色就可以很方便地将它复制粘贴到任何背景中去编辑使用了（图2-335）。

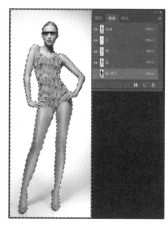

图2-333 图2-334 图2-335

（10）按住"Alt"键的同时使用工具栏里的移动工具进行等距拖拽，这样就得到一排动作一样的人体模型（图2-336）。

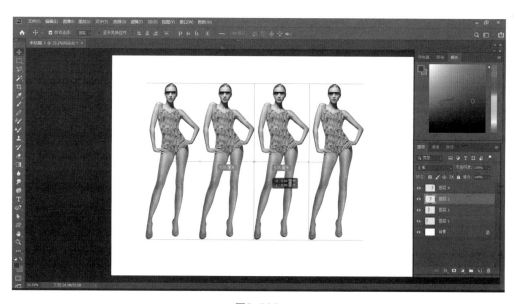

图2-336

（11）新建一个透明挡板图层，使用"矩形"工具，拉一个矩形挡板，只露出人物的头和腿部，并将这个挡板填充为白色，调节填充值为70%~80%，半透明状态（图2-337）。这样做的目的是既能看到人体模型的动作又可以在穿套服装时不过分受其影响。穿套完衣服可以将挡板去掉，比如需要露出胳膊的地方。

（12）下面就可以另外建立图层为人物穿服装了，具体方式和在绘画人体模型上一样，就不再复述（图2-338）。

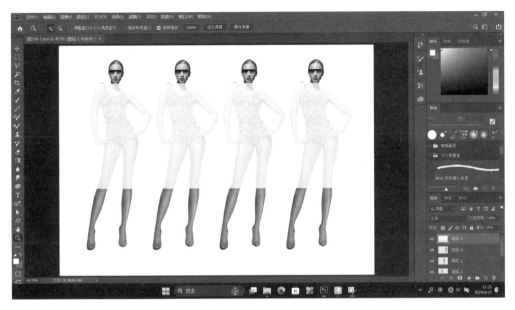

图2-337

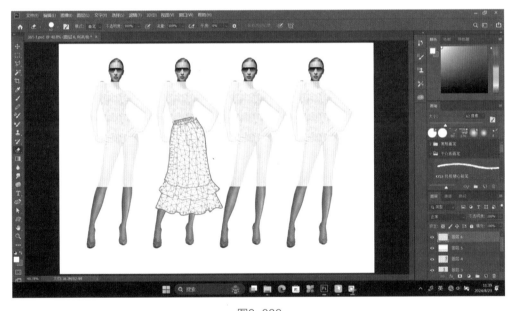

图2-338

（13）头部的抠图方式和人体模型一样，都可以采用通道抠图法。尤其是抠出有毛发边缘的复杂图片。这方面通道抠图的方式是优于其他方式的（图2-339）。学会后，我们只要看到自己喜欢的头像都可将它抠下来并储存。多一些头部、发型、帽子等素材对于以后服装设计效果图的绘制大有裨益。

（14）将做好的头部粘贴到人体模型上，然后按照人体比例调整头部的大小、方向和位置关系。如果有不合适的地方尤其是脖子和肩膀的位置可以通过手绘的方式进行部分填补。比如可以添加一些头发和鲜花、别针等，也可以直接绘制缺少的人体部位。因为需要补充的部位一般都不会太大，有点耐心好好描绘一下一般都是不太容易看出问题的（图2-340、图2-341）。

如图2-342所示就是使用摄影图片为素材制作的人体模型，画面效果也很优秀。经过上述内容的学习，我们对使用Photoshop软件来进行效果图绘制应该已经有了不错的收获。下面将开始学习另一款软件CorelPainter的使用方法,增强绘画表现能力。

图2-339

图2-340 图2-341

CONSTRUCTION

图2-342
作者：郑嘉琳

本章小结

- 服装画与服装效果图的概念。
- 服装设计常用人体比例。
- Photoshop的操作界面与工作区设定。
- Photoshop工具栏工具的设定和具体使用方法。
- 使用Photoshop绘制服装效果的方法及步骤。
- 使用Photoshop中的滤镜来制作服装面料，通过制作四款不同种类的面料来分析绘制面料的方法及思路。
- 使用人体模型制作系列设计服装效果图的方式和具体方法及步骤。
- 使用钢笔路径工具绘制服装款式平面图。钢笔路径工具和形状工具之间的关系及相互转化。

💡 思考题

1. 服装画和服装效果图的区别是什么？它们各自表达的重点是什么？如何运用电脑设计语言来创作有自己独特风格的服装设计作品？

2. 服装常用人体比例是多少？是否可以根据服装风格改变常规的服装人体比例关系？

3. 绘制服装人体时应该注意哪些要点？如何把握各部分的比例关系？

4. 如何设定Photoshop的工作界面？

5. 如何使用Photoshop工具箱中的工具绘制服装设计图？

6. 如何利用Photoshop填充服装设计中的色彩和面料？线条如何处理？

7. 如何使用路径工具和路径选择工具绘制服装款式平面图？

8. 如何使用形状工具和路径工具描绘花型图案？

9. 如何利用Photoshop设计四方连续图案？

10. 如何制作常用人体模型？如何使用人体模型制作系列设计效果图？

11. 如何使用文字工具处理文字设计？是否可以将文字工具与其他工具配合设计出产品宣传手册或作品集版面？

12. 尝试完成服装款式设计、成品效果图绘制、流行趋势解析、色彩策划、宣传策划等内容的综合性作品手册。

实践应用

| 第三章 |

使用CorelPainter绘制时尚插画

课题名称：使用CorelPainter绘制时尚插画

课题内容：1.CorelPainter的基本操作界面介绍

2.时装画常用笔刷及绘制效果实例

课题时间：16课时

教学目的：了解CorelPainter软件运用的基础知识，提高学生数码绘画能力，独立完成时尚插图的创作。

教学要求：教师多媒体PPT理论讲解，课堂实例操作

课前课后准备：课前要求学生准备好上课使用的素材、资料，课后复习课堂理论知识，完成老师留下的主题性创作，即草图—线稿—色稿—完成图。

第一节　CorelPainter的基本操作界面介绍

一、CorelPainter软件简介

CorelPainter是由Corel公司出品的专业绘图软件，它可以尽可能准确地模拟传统画材质感与绘画笔触。在CorelPainter 2019版中增加了一些全新功能，主要包括仿制功能、材质合成、2.5D材质笔刷、Natural-Media笔刷等（图3-1）。同时，它与普及率较高的设计类软件Photoshop 兼容，可以方便地处理Photoshop 源文件，并在将文件从Photoshop 传输到 Painter 时准确保留颜色和图层。Corel Painter 支持 Wacom® 的最新数位绘图板，拥有全球拟真能力最强大精致的 Natural-Media 笔刷功能。这些无疑都会大大增强用户的数字艺术创作实力。

图3-1

CorelPainter的软件界面与主流的设计类软件比较类似。主要由菜单栏、工具属性选项栏、工具栏、工作区、画笔选择器、浮动面板这几部分组成（图3-2）。

由于我们主要是使用它来进行绘画，所以工作界面还是建议简单清爽为佳，把主要使用的浮动面板拉在最右侧层叠起来即可。通常我们会把色彩、色彩集材料库、混色器、图层、媒体材料库面板放在桌面上，而其他用得不太多的面板先选择隐藏起来节省工作区的空间。

图3-2

二、工具箱与工具属性条

工具箱提供了一些常用的工具和快捷方式图标，如选取工具、魔棒工具、移动工具、画笔工具、吸管工具等（图3-3）。工具箱的每种工具都有属于自己的属性。选择某种工具后，此工具的相关属性将在工具属性条中显示出来。用户可以在属性条中进行属性调整。

将光标移至工具图标处稍停后，出现工具名称。工具的右下角带有三角按钮，它代表该工具位于工具组中，按住三角按钮，则可以显示出该工具组中其他工具（图3-4）。这些工具组中的工具基本上和Photoshop的差不多，其功能也类似。

图3-4

三、CorelPainter画笔选择器

画笔选择器包括画笔图标和绘画工具变量。画笔选择器前面的图标，表示当前选择的画笔类型。后面的图标表示画笔的变量。单击画笔图标和变量图标，在弹出面板中可以选择不同画笔的变量。最下方通常会有笔刷绘制效果的预览图示。如图3-5所示，左为画笔的类型，右为画笔的变量。

图3-3

点击画笔工作面板最右侧小三角会出现画笔子菜单。在这里可以尝试捕捉画笔和自定义画笔制作自己的画笔库。在画笔面板的最上方"笔刷材料库"下拉菜单可选择不同版本的笔刷库，如Painter 2019笔刷（图3-6）。

图3-6

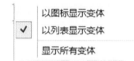

图3-5　　　　　　图3-7

CorelPainter画笔的显示方式一般有两种（图3-7）。一种是以图标的方式进行显示，这样的面板笔刷性质很明了，图标比较大看起来一目了然；另一种显示方式则是列表的形式，列表的形式可以方便我们以画笔的名称来选择画笔类型（图3-8）。这两种方式可以根据自己的使用习惯选择。CorelPainter里面的笔刷也 都是可以自定义的，可以通过"捕获"笔尖来实现。另外也可以通过菜单中的"导入"将网络下载的笔刷库进行添加，前提是笔刷的格式和版本要合适（图3-9）。

除此之外笔刷还有一个"笔刷控件面板"这个面板可以改变笔刷的一些变量，比如厚涂效果、间距、笔尖形状等（图3-10~图3-13）。

CorelPainter的笔刷变量特别丰富，例如对"亚克力"笔刷做两种不同的笔触类型选择，一个是"厚涂鬃毛"，另一个是"厚涂调色刀"，然后在纸面上进行绘涂，效果有

图3-8　　　　　图3-9　　　　　图3-10　　　　　图3-11

很明显的不同。"厚涂鬃毛"笔触的效果仿制普通油画笔的厚涂，而"厚涂油画刀"则笔触边缘有分叉，不同色彩也可以伴随分叉而相互混合（图3–14）。这就说明其实就算同一支画笔如果笔刷选项不同在画面上的绘制效果也会有非常明显的区别。所以如果仅仅看一些实例教程来学习使用CorelPainter这个软件是远远不够的。它是个非常多变的软件，适应不同插画艺术家的不同风格需求。

图3–12　　　　　　　　图3–13　　　　　　　　图3–14

四、CorelPainter的浮动面板和材质库

CorelPainter的浮动面板非常多，很多时候并不全放在桌面上，而是仅将当前用的提取出来，因为屏幕的空间有限。这些浮动面板主要包括 Brush Controls（画笔控制）、Color Palettes（颜色）、Library Palettes（艺术材质）类面板，还包括 Layers（图层）、Channels（通道）、Text（文字）、Scripts（脚本）、Info（信息）、Tracker（笔迹）、Image Portfolio（图像库）、Selection Portfolio（选区库）等。默认情况下功能类似的浮动面板会被放置在一个浮动面板组中。

配合不同的笔刷我们会用到很多与笔刷相关联的浮动面板，例如质感材料库、织布材料库、渐变材料库、图像水管材料库、纸纹理材料库、花纹材料库等（图3–15~图3–17）。它们分别配合花纹笔、喷管、图案笔、克隆笔等。有了这些材质库，绘图就得心应手。

图3-15

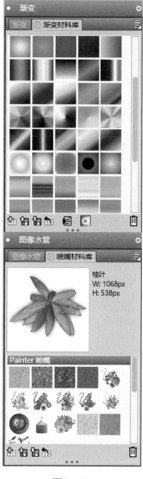

图3-16

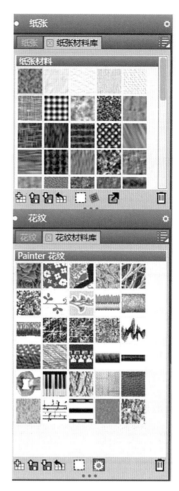

图3-17

五、颜色与混色器面板

CorelPainter比较值得一提的是混色器，首先是上排的选色格很像传统的调色盒，看起来很亲切，另外使用笔刷调色的感觉和真实的调色板感觉也很相似，很有绘画的感觉，设计得非常可爱。喜欢传统纸面绘画的朋友一定非常喜欢这个设计。它模拟真实调色板的感觉几乎可以以假乱真。而且这个混色器还可以进行清洗，的确非常有趣味（图3-18~图3-20）。

图3-18

图3-19

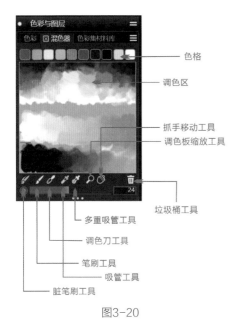

色格

调色区

抓手移动工具
调色板缩放工具

垃圾桶工具

多重吸管工具

调色刀工具

笔刷工具

吸管工具

脏笔刷工具

图3-20

六、绘画空间工作区的调整

单击菜单中Window（窗口）中的Hide
Palettes（隐藏面板）或者键盘上的"Tab"键可
以将界面中的所有面板隐藏。单击Screen Mode
Toggle（屏幕切换）可以将窗口最大化，获得
最大的绘画空间。利用这种布局并结合使用快
捷键，可以最大限度地提高使用效率和舒适性。

如图3-21所示是带浮动面板的显示模式，
可以比较方便地使用浮动面板，通过手型工具
拖拉画面工作区进行绘制。

如图3-22所示是不带浮动面板的简略显示模
式，画面比较大且干净整洁，没有周边面板的影
响可以更好地观察画面色调及整体调整画面。这
两种画面显示方式可以通过按"Tab"键来实现切换，根据实际需求改变画面显示模式。

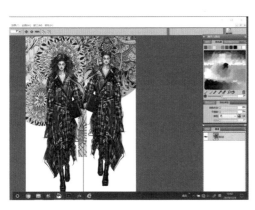

图3-21

图3-22

七、CorelPainter强大的笔刷库

CorelPainter的笔刷种类和变体数量空前庞大，拥有35个独特媒体类别中的超过
900个画笔。正是这样丰富的笔刷储备才令CorelPainter拥有这样强大的艺术表现力，
所以掌握笔刷是学习CorelPainter非常重要的一环。由于CorelPainter的版本很多，而
且每个版本都有其优势，一些版本的升级无非多了几样新的笔刷或者工具，而部分以
前优秀的功能在新版本中却有缺失。所以至今仍然看到很多大师级的插画师还在使用
6.0版本，据说这个版本界面设计比较舒服，另外还有几个绘制体验优秀的画笔是难

以舍弃的。要知道一旦养成一种风格或者绘画习惯，对于画笔的依赖感也就很难改了。所以软件版本其实并不一定越高越好，适合自己的才是最好的。2018~2019版的CorelPainter就似乎开始考虑用户的这些需求了，从笔刷面板的下拉菜单可以找回以前版本的笔刷，这样就极大地方便了那些绘画风格相对比较固定的插画师的需求，在享受版本升级、功能增强的同时，也保留住了自己常用的某些旧版本画笔（图3-23）。例如，CorelPainter12版本里的画笔就有很多变体十分好用，尤其"数字水彩"就比其他版本更全面和丰富；CorelPainter11版本里的"铅笔"工具绘制的色彩层次比其他版本更丰富，这里不一一列举。总之你习惯哪个版本的笔刷就可以在这个笔刷面板恢复哪个版本的笔刷库。

图3-23

2018版把"萨金特"笔刷从画家常用笔刷库单独独立了出来，新出了4种变体，这对喜欢萨金特细腻中带有笔触感绘画风格的插画师来说的确是件值得高兴的事情（图3-24）。另外要提到的是2017版增加的"釉彩笔"笔刷库，里面的笔刷变体真的非常好用，而且它可以在普通图层上使用，有些变量画笔可以通过图层叠加与其他画笔色彩结合产生非常微妙的色彩融合，是值得尝试的一款笔刷（图3-25）。

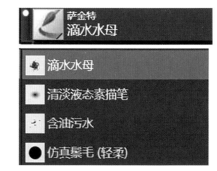

图3-24

如图3-26所示，是一些CorelPainter里面的常用笔刷，在CorelPainter强大的笔刷库中这些笔刷都是代表某种类别的画笔。每个品类下拉的子菜单里面还有更多的变量，历年所有版本更新的常用笔刷加起来有400多种，实在是多不胜数。这么多种笔刷并不是每种都要掌握，就如同目前流行

图3-25

的各种画种，没有任何一个艺术家需要全盘掌握，他们各自都会在自己熟知并热爱的领域内有所造诣。使用数码绘画的道理是一样的，喜欢某一风格的绘画感觉，就重点掌握这个门类就可以了。例如，绘制时装画是快速简单的画种，通常要优先掌握的是具有速写功能的画笔，类似铅笔、沾水笔、麦克笔、数字水彩、炭笔、粉彩笔等。

彩色铅笔 彩色铅笔	胶彩 宽覆盖式笔刷 40	油画粉蜡笔 粗油画粉蜡笔 10
仿真鬃毛笔刷 平头仿真渐变笔	康特笔 钝头康特笔 15	苏美 粗糙鬃毛苏美
仿制笔 鬃毛笔刷仿制笔	蜡笔 基本蜡笔	特效 混消
粉彩笔 硬质粉彩笔 10	麦克笔 方尖麦克笔	花纹画笔 花纹粉彩笔
粉蜡笔 画家粉蜡笔	扭曲 膨胀	图像水管 线性角度 B
钢笔 1 种像素	喷枪 宽滚轮喷枪	橡皮擦 单图素橡皮擦
海绵 密海绵 60	铅笔 2B 铅笔	油墨 喷枪阻抗
厚涂颜料 蚀刻厚涂	染色 基本圆刷	画家常用项目 印象派
圆刀 涂抹调色刀 30	书法 宽纹路钢笔 40	油画 鬃毛油画
混色笔 粗糙油性渐变笔 2	数字水彩 宽水彩笔刷	照片 加入纹路

图3-26

CorelPainter里面的笔刷实在是多不胜数，这里只是列举了一些常规性的笔刷。在绘制时装画和时尚插图时笔刷到底该如何选择呢，笔者根据个人经验对这些笔刷大致做了如下分类供大家参考（表3-1）。当然由于每个人的绘画习惯不同、风格不同，也不可一概而论。

表 3-1

常规绘画类别笔刷	特殊效果类别笔刷	写实风格类别笔刷
Pencil（铅笔）	Artists（艺术家画笔）	RealBristle Brush（仿真鬃毛笔）
Chalk（粉笔）	Palette Knives（调色刀）	
Pens（钢笔）	Blenders（调和笔）	Digital Water Color（数字水彩）
Felt Pens（毡笔）	Impasto（厚涂）	Oil Pastels（油画棒）
Pastels（色粉笔）	Sponges（海绵）	Airbrushes（喷枪）
Charcoal（炭笔）	Sumi-e（水墨画笔）	Acrylic（丙烯画笔）
Erasers（橡皮）	Calligraphy（书法笔）	Oil（油画笔）
Colored Pencils（彩色铅笔）	Pattern Pens（图案画笔）	Artists' Oils（艺术家油画笔）
Crayons（蜡笔）	Liquid Ink（液体墨水）	
	Glaze Colored pen（釉彩笔）	

续表

常规绘画类别笔刷	特殊效果类别笔刷	写实风格类别笔刷
Conte（孔特粉笔） 10F-X（特效笔） Photo（照相笔） Cloners（克隆画笔） Tinting（染色笔） Distortion（扭曲水笔） Image Hose（图像水管） Watercolor（水彩笔） Gouache（水粉画笔） Smart Stroke Brushes（智能克隆笔） Art Pen Brushes（艺术钢笔） Marker pen（马克笔）	笔刷说明： 　　CorelPainter软件中的笔刷众多，大约由三十多种类别，400多种变体，在不同版本中对同一类别笔刷的称呼也略有差别。常见别称如下： 　　毡笔又称油锈笔；粉笔又称粉彩笔、粉蜡笔、蜡粉笔；马克笔又称麦克笔；数码水彩又称数字水彩；油画棒又称油粉笔、油蜡笔；油画笔又称油彩笔；混色笔又称融合笔、调和笔等。在这些不同类别的画笔中又有一些内在的笔刷库，笔刷库中的笔刷名称也会随版本不同而略有差别。因此，学习CorelPainter的重点不是死记硬背笔刷的名称，而是要记忆笔刷的效果，对笔刷的绘制触感有深入的练习和体会过程。	

　　CorelPainter不同版本号中对笔刷的称谓会有所改变。在最新的2019版和2020版本中集合了前边多数版本号的各类画笔，通过下拉模块可选择不同版本的画笔用来创作。因此，此表中列举的并不是单个笔刷的名称，而是一个类别的笔刷名称，例如，铅笔类里包含自动铅笔、绘图铅笔、彩色铅笔、速写铅笔等大约30多种效果不同的铅笔。但在软件中都放置于"铅笔"模块中。

第二节　时装画常用笔刷及绘制效果实例

图3-27

　　下面简单介绍几种服装画常用笔刷的绘画效果。因为CorelPainter的笔刷功能实在是太多了，我们并不是职业插图画家，所以只要掌握其中几种自己喜欢又适合时装画创作的笔刷工具就好。

一、铅笔工具

　　铅笔（Pencil）的工具箱里有多种类别。其中主要包括普通铅笔和彩色铅笔及油性铅笔等类别（图3-27）。

1. 普通铅笔

　　普通铅笔中2B铅笔为主要使用的笔刷也属于默认笔刷，图3-28为2B铅笔笔刷所绘制的素描稿。在CorelPainter的笔刷库里一般排在首位的都是最具代表性的，同时也是使用率最高的笔刷。2B铅笔笔刷的色彩饱和度和笔感都非常好，通常都是使用它来画线稿的部分，可以达到清晰明朗的视觉效果。铅笔笔刷库里的另外一个"仿真2B铅笔"，使用它绘制时则会有边缘的虚化，可以出现虚实相间的叠笔效果，通常画素描感觉的图时比较好用（图3-29、图3-30）。

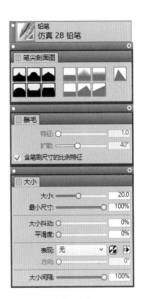

图3-28　　　　　　　　　　图3-29　　　　　　　　　　图3-30

2. 彩色铅笔

　　彩色铅笔也属于常用的铅笔工具，主要包含两种类型。一种是普通彩色铅笔的仿制效果，绘画时笔感有些硬而纤细；另一种则会有使用油性的铅笔绘制时出现的混油效果的过渡，笔感也偏软和浑厚一些。但是如果要仿制彩色铅笔画的写实效果，那么覆盖彩色铅笔是最容易掌握的。因为其他类型彩色铅笔在绘画中一个色彩和另一色彩叠加时会出现更深的交叉点，且覆盖不上底层的颜色，这样不利于修改和层次感的创作。而覆盖彩色铅笔就弥补了这一不足，可以像水粉颜色一样进行叠加和覆盖，同时又保留和铅笔的笔痕。通过纸张纹理的选择，绘制的色彩又有了丰富的叠加和深浅变化。所以铅笔工具的运用最好是在掌握了每种铅笔的特性后交叉综合使用。

3. 特殊质感铅笔

　　铅笔选项里还有很多种软硬程度不同、笔尖形状不一样的笔刷，这些都可以新建一些空白文件来尝试使用，慢慢体会，把那些自己喜欢的笔触效果记在心中，时间长了自然会对工具有更深入的了解。

如图3-31、图3-32所示，为使用铅笔工具、覆盖彩色铅笔工具、仿真铅笔工具结合绘制的图稿。只要有耐心，彩色铅笔细腻的画风还是很贴合人们的欣赏品位的。另外彩色铅笔和水彩的配合效果也相当合适，铅笔淡彩的味道会跃然纸上。

图3-31

图3-32

二、油画棒、混色笔、釉彩笔

1. 油画棒

油画棒（Oil Pastel）是CorelPainter中比较容易掌握的一种笔刷，也叫油画粉蜡笔，绘制出来的效果和水粉的感觉类似，就是多了些油腻感。这个笔刷的笔头有方形、三角形和圆形等，覆盖能力很强，尤其配合纸张纹理的效果更突出，适合画较有力度、色彩浓烈型的创作。其笔触的轻重和变化可以在笔刷属性对话框进行调节，绘制效果如图3-33所示。

油画棒笔刷在CorelPainter11版之前都是有单独的笔刷库的，但如果使用的是CorelPainter12版之

图3-33

后的版本则会集成在其他的笔刷库里。多数类似质感的笔刷会放在粉笔和蜡笔的笔刷库中（图3-34）。

2. 混色笔

混色笔又称融合笔、调和笔，在不同版本中名称不同，这种笔的混色效果需要在其他笔刷已经绘制的色彩上进行，如图3-35所示，就是在孔特粉笔绘制的基础上进行混色的。选择不同的混色笔混色效果不同，所以各种混色笔如果想全都掌握，必须一一尝试和逐一记忆，常练才会有丰富的绘画经验（图3-36）。

图3-34

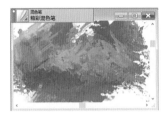

图3-35 图3-36

3. 釉彩笔

釉彩（Glazingcolor）主要是指在玻璃或陶瓷表面着色的一种彩色。在 CorelPainter 软件的釉彩笔刷库中的画笔使用感觉比较光滑，库里面有众多效果雷同的变体（图3-37、图3-38）。釉彩笔刷在绘制时会呈现出具有流动性的色粉表现，适合画一些带有纹路的肌理画面（图3-39）。

下面使用油画棒、混色笔、釉彩笔绘制一个头像，体会一下绘制效果。

（1）新建一个绘图文件，然后建一个新图层绘制草图。因为这类笔刷绘制的作品风格不太注重线条的表达，所以直接使用"油画棒工具"（油彩

图3-37 图3-38

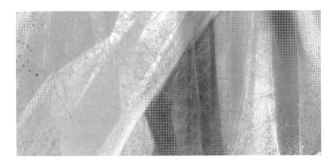

图3-39

粉笔圆头）来绘制草图的。草图绘制按照画普通色彩头像那样就可以。开始的时候将笔头调小，选择深灰色起稿，接下来把笔号调大调宽一些。也可以选择方头的油画棒涂大面积的颜色（图3-40）。

（2）这个作品是按颜色建立新图层的。每加一个新的色彩或质感就新建立一个图层。这种西方写实绘画风格的作品多数都是直接画的草图，上色之前通常没有线稿存储，一旦画得不好就很难再恢复到前面的步骤了。分层进行的好处前面已经讲过，在想撤销相关操作步骤时，最起码可以保留大部分图层的东西不受影响。继续使用油画棒工具画出大的色块和明暗关系，注意 整体的感觉，不要画花、画散了（图3-41）。

（3）绘制背景。后面的背景处理换了纸的纹理，由粗纹改为细纹（图3-42）。画出大致颜色后使用调和笔工具中的"只加水"笔刷进行柔化调和（图3-43）。在调和笔的作用下，油画棒的颜色晕染开了，甚至有点类似水彩的效果，面积也很容易铺匀（图3-44）。

图3-40   图3-41   图3-42

图3-43   图3-44

　　背景做出一些肌理效果更容易衬托出人物服装的光滑质
感。所以下一步就是使用微粒笔刷里面的"流线毛皮喷雾器"
和"毛皮的尾巴"这两种变量画笔。画一些旋转性涂抹，以
此达到水油混合的纹理效果（图3-45）。

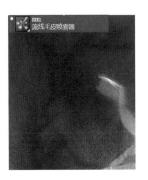

图3-45

　　（4）接下来可以刻画脸部细节，比如眼睛、嘴巴、头发
及配饰等。这里的嘴巴和脸颊等都是使用油画棒先上色，然
后使用调和笔工具进行晕染，嘴唇的水嫩感也因此表现出来
了（图3-46）。

　　（5）继续深入刻画，丰富色彩层次（图3-47）。这个时
候衣服的质感、项链、首饰、头发、周围环境的虚实等都需
要调节和跟进了。当然不要一直不停地画，画一会儿就调节
屏幕切换一下画面大小，整体观察一下色彩关系。

图3-46

　　（6）首饰的绘制是个细致的活儿，不能太过着急。个人
经验是先画下面的底色然后再画深色和投影，最后画高光。
首饰部分没有用主要的三种画笔，而是使用了铅笔工具。毕
竟首饰上的细节比较多，需要精致刻画。铅笔库中各种笔刷
的硬度和尖锐笔尖画首饰是非常适合的。因为模特这款首饰是比较复杂的款式，需要多
层次的色彩叠加，所以选择使用的是"覆盖铅笔"工具上色。画的时候要非常耐心，如
同打造一件真的首饰一样，高光的部分也可以使用一些柔性喷笔工具。

　　（7）如图3-48所示，列出了油画棒工具的笔刷库。使用"粗油画粉蜡笔"继续深
入刻画人物的色彩层次（图3-49），如皮肤上的闪粉、饰品上的光泽和金属链条质感等
（图3-50、图3-51）。"粗油画粉蜡笔"属于"油画棒工具"，是其中的一个变体画笔。

图3-47

图3-48

图3-49

在"油画棒工具"中有十多种变体，名称各不相同。可根据
需要选择使用。"粗油画粉蜡笔"的质感比较浑厚，可以把
纸张的纹理调节一下，选一个细纹纸。另外笔尖设小一点就
可以进行精细刻画了。

图3-50

（8）头纱部分为了追求透气的效果，使用了一种釉彩笔
刷，叫作"透版纸张"，这个"透版纸张—铅笔"顾名思义
就是可以将纸张纹理表达得比较真实的画笔。所以在这里选
择一张网纹比较清晰的纸张—小网点纸（图3-51）。用笔刷
刷过的时候就会出现如图3-52所示的网纹效果。

（9）服装上局部使用了混色笔工具中的"破碎的混色
笔"这个笔刷（图3-53）。笔刷刷过的地方那些金色就破碎
流淌开，产生一些斑驳感，使得面料上那些比较抽象的碎裂
花纹质感更强（图3-54）。

图3-51

（10）釉彩笔的微粒流量笔刷，喷绘出的颗粒呈现出的
肌理效果有点像浩瀚的星空（图3-55）。这些微粒的喷射
量在工具属性选项栏里可以调节。配合不同的纸纹会有微妙的变化。图3-56所示，
是微粒流量喷绘在服装上的质感效果，图3-57所示，是微粒流量喷绘在头纱上的效果。

（11）刻画饰品的细节需要有超强的耐心。另外材质的表达也需要有一定的绘画功
底。如果自己绘制实在困难，可以调用相关材质，然后使用克隆画笔克隆，也可以直接
使用粘贴的手段来完成。但这些手段达到的效果通常都显得不是很和谐，不能完全与画
面一体化。所以说，就算有了电脑数字绘画辅助，传统手绘的训练依然不可以忽略。对

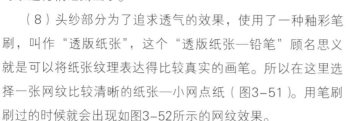

图3-52

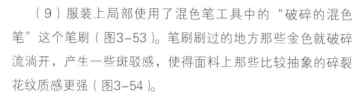

图3-53

图3-54

图3-55

图3-56　　　　　　　　　　　　　　　　　图3-57

于基本功扎实的人来说，数字绘画软件是如虎添翼，而对于基本功差的人来说，也只能起到提高图纸可看性的作用。优秀的设计、绘画、审美通常都是贯穿一体的。

　　玻璃和晶石类制品的绘制一般是要分几个层次来表现的（图3-58）。一般的规律是"先深后浅、先薄后厚"。可以先画深颜色然后再画透明处透射过来的色彩。日常生活中，一般放置晶石饰品时都不会将闪光的首饰放置在白色的台布和衬纸上，因为那样不能最好地呈现出晶石的光泽。所以绘画中的原理和这个道理是一样的，通常在深背景上呈现浅色或是闪光效果，这就是先深后浅的道理（图3-59）。

图3-58　　　　　　　　　　　　　　　　　图3-59

经过从整体到局部，再从局部到整体，反复几个层次画下来，头像越来越完善了，最终画面效果如图3-60所示。

上述介绍的三种画笔都是非常具有特色的笔刷。其中油画棒工具属于比较常规的画笔类别，笔触的感觉很流畅，覆盖性比较强，适合表现毛呢类、裘皮类、毛衫类等比较厚实的面料感觉。调和笔（混色笔）适合做画面调和及制作一些特殊的色彩融化效果，必须在其他画笔已绘制出的色彩上才能显示其特色和功能。釉彩笔是一类具有多种新变化的画笔，它的笔头和绘制笔触都更具有现代数码绘画的新概念和新思维，创作性强，随机性也比较大，具有灵活思维能力的人才可以真正掌握和驾驭它。

图3-60

三、数字水彩

"数字水彩"（Digital Water Color）也叫作数码水彩，是CorelPainter里面非常好用的一类笔刷。它一方面可以逼真地模拟许多常规的水彩效果，比如晕染效果、平铺效果、融水效果、泼溅效果、撒盐效果等。另一方面，比起CorelPainter里面的另一种需要在水彩图层上使用的"水彩画笔"还有一个优势就是可以在普通图层上进行绘画，不必另外建立"水彩图层"。这个优势可以让它和其他普通常规笔刷进行有趣的色彩混合，效果非常多变，对于初学水彩没有基础的学习者来说它无疑是首选入门画笔。数字水彩中比较常用的水彩画笔分别是数字宽水彩、粗糙干笔刷、新式单纯水笔、新简单晕染笔、结晶点水彩笔、喷洒水笔、水彩海绵等。另外还有两种水彩橡皮，分别是微湿橡皮和湿橡皮擦。

1. 数字宽水彩

数字宽水彩的色彩很轻薄，绘制效果明快轻松（图3-61）。

2. 新式单纯水笔

新式单纯水笔是很多插画师都非常喜欢的一种水彩笔，从Painter6加入画笔库之后广受追捧，绘制效果也非常可人，柔柔的轻薄感很适合画柔美风的女孩子（图3-62）。

3. 结晶点水彩笔

结晶点水彩笔是仿水彩技法当中的撒盐效果，使用后会有结晶体散开的绽放感，非常有水彩趣味（图3-63）。结晶点的大小可调，与水分大的湿笔刷结合时效果尤其显著。

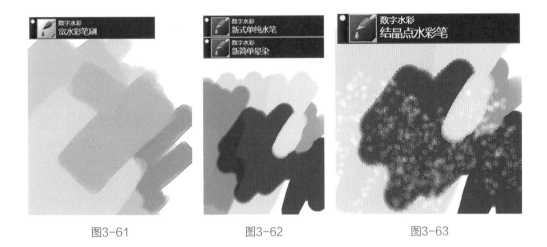

图3-61　　　　　　　　图3-62　　　　　　　　图3-63

4. 水彩海绵

水彩海绵可以使水彩颜色柔和地分散开，有晕染的水润效果（图3-64）。

选择笔刷后，笔刷的各种值可以在调节器里进行调节，直观效果在笔触预览里看得很清楚（图3-65）。也可通过拖拉面板中那些滑块进行笔尖、动感、抖动率等的细微调节（图3-66）。

图3-64

图3-65

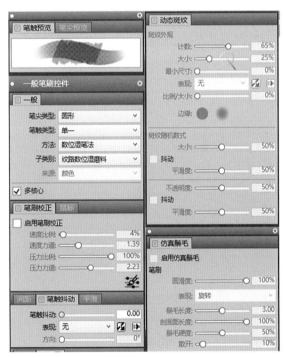

图3-66

数字水彩的使用在时装画的创作中应用十分广泛，它轻薄透明的特点非常适合表达服装设计的款式和色彩。时装画比较类似速写式的绘画，多数会用较为概括的线条来进行表现。那些覆盖式上色的画笔虽然上色后色彩纯度高，容易修改和层层深入，但另一方面也很容易将那些表达结构和造型的线条覆盖住，而且绘画方法多倾向于层叠深入的方式，绘画的时间会比较长，比较影响设计速度。水彩类的透明色彩就不存在这种问题，它们可以很方便地进行色彩涂染。同时，透明的特性也更有利于表达服装的结构关系和工艺特点。其绘画方法也多倾向于一次性完成或简单的叠笔。绘画速度较快，对于追求时间和效率的设计来说，它更适合于设计师日常设计草图和效果图的表达。因此数字水彩技法的掌握可以说是设计专业必备技能。

（1）实例一。

①使用铅笔工具绘制线稿图，然后复制线稿图层，将图层样式设为"胶化"或"相乘"（图3-67）。

②选择"粗糙干笔刷2"开始上色，在底面图层或建新图层上均可（图3-68）。数码干水彩的色彩效果较为均匀水分不多，所以是比较适合平涂的（图3-69）。

③使用"数码宽水彩"绘制背景（图3-70）。这个笔刷的特点是透明度高，色彩的虚实变化也比较多样，并且不同的运笔方向可以改变色彩的深浅变化，是有笔墨意味的笔刷，效果非常丰富。多试试一些运笔方向和色彩混合方式，会有很好的绘制体验和经验积累。多数时候可以使用它来绘制背景（图3-71）。

图3-67

图3-68

图3-69

图3-70

图3-71

④使用"新式单纯水笔"绘制背后翅膀的羽毛和服装上的头层色彩（图3-72、图3-73）。这个笔刷的特点是薄而透明，方便修改。

⑤使用"仿真平头水彩"在第一层色彩的基础上进行笔触叠加（图3-74），丰富色彩层次。裙子上的色彩也是用这个笔刷（图3-75）。仿真平头水彩笔的笔头形状偏扁平，和使用平头水彩笔的感觉类似，可以以"块、面"的形式来塑造形体和色彩效果。

⑥使用"钝头康特笔"加强头发的色彩层次，这个笔刷的覆盖力很强，可以有效弥补数字水彩或水彩类笔刷绘画效果强度不足的缺点，可以明确地表达出色彩和形体的边界线（图3-76、图3-77）。

图3-72

图3-75

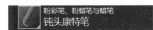

图3-73

图3-74　　　　图3-76

图3-77

⑦使用"新式单纯水笔"绘制头发的颜色（图3-78）。绘制时先用浅灰色打底，然后用较深的颜色绘制层次（图3-79、图3-80）。

图3-78

图3-79　　　　　　　　　　　　　图3-80

⑧使用数码水彩里面的"结晶点水彩笔"绘制背景图层（图3-81），于是背景出现斑驳的白色点状结晶，这就是仿纸面水彩手绘里面的"撒盐"效果。绽开的盐花效果令背景不再单调。

⑨用覆盖铅笔强调一下局部的轮廓和不完美的细节，脖子上的项链和手腕上的手环都可以在这个阶段做出修整。最后的画面完成效果如图3-82所示。

在数字水彩的笔刷库中还有一些水彩特殊效果的笔刷，比如水彩海绵、喷洒水笔、结晶点水彩笔等。加入这些水彩笔的使用可以让水彩画的效果更为丰富和具有趣味性。

图3-81

图3-82

（2）实例二。

①使用向量笔工具根据铅笔线稿图用描图纸来进行线稿图描绘。向量笔描出的图稿类似针管制图笔，可以非常精细（图3-83）。

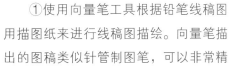

图3-83

②描摹完线稿图就可以开始上色，新建一个上色的图层，然后进行颜色填充（图3-84）。这里选择填充蓝色，填充比例为30％，也就是一个半透明的浅蓝色。

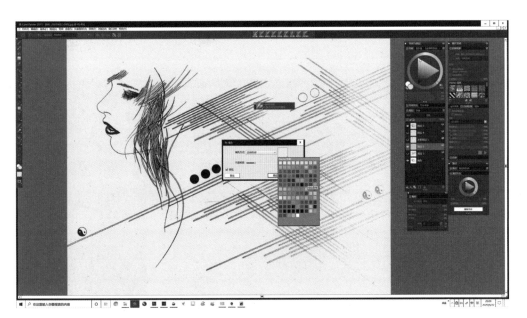

图3-84

③使用新式单纯水笔来绘制人物面部和头发。然后使用喷洒水笔喷洒画面上的背景（图3-85、图3-86）。这个喷洒水笔在使用时一定要调节大小和喷洒的节奏，这样出现的效果才会有趣味。

图3-85   图3-86

画面的局部可使用"水彩海绵"进行颜色肌理的处理（图3-87、图3-88）。使用这个笔刷刷过的地方颜色就出现类似纸面水彩的晕染效果了。

④用了数字水彩的"喷洒水笔"之后，画面上出现一些泡泡状的水渍。画到这个阶段，这张作品还可以继续画下去，但是因为我们只是要实验一些水彩画笔

图3-87   图3-88

的使用，所以就暂时结束画到这个步骤（图3-89）。

"数字水彩"在CorelPainter笔刷里面比起"水彩"来说还是比较容易掌握的。一方面是不需要建立单独的水彩图层，另一方面是它和其他画笔的兼容性更好。这两个优势都使得它的掌握更简单。通过上述实例，可以看到数字水彩这个工具的优秀性能对于一些只想表达水彩透明质感的绘画者而言已经完全够用了。

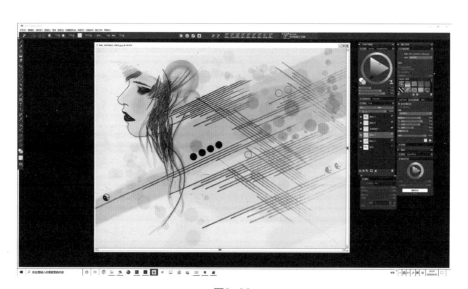

图3-89

四、麦克笔

日常使用的麦克笔通常分为水性与油性两种基本类型，油性麦克笔具有快干、耐水的性能，而且覆盖性相当好；水性麦克笔则是颜色透明，色彩明快，绘画层次丰富。在CorelPainter软件里的麦克笔基本上涵盖了日常麦克笔的各种性能，而且笔头形状和笔尖的粗细选择余地更多、更为强大，其性能主要分为覆盖性和透明性两种。

当然每种画笔变量都可以通过调节工具属性栏中的各种参数进行调节和自定义，例如笔刷的覆盖率、喷射颗粒、压力、笔尖旋转、抖动率等均可以进行调节。这使这个软件里的麦克笔比真实世界的麦克笔有了更强大的功能和不可预计的多种变化效果。软件里的麦克笔在不同的插画家手里会有完全不同风格的展现。

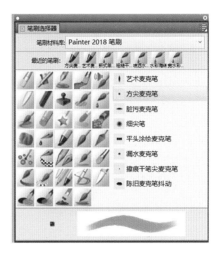

图3-90

在学习任何一个笔刷时，都是要从它最为常规和最具代表性效果的笔刷学起。下面我们可以先练习使用"方尖麦克笔"，即方头麦克笔（图3-90）。

在建立的白色纸面上进行笔刷的扫动，可以感受到其笔触的大小、面积、宽窄以及叠加、重叠、覆叠等效果（图3-91），边画边进行记忆和体会。这些效果的记忆和经验积累正是为了在创作过程中更好地规划步骤和挑选笔刷种类做准备。当基本效果烂熟于胸之后，还可以通过更换纸的底纹和调节属性栏的各种值来进行更为深入的工具实验。这么做的原因是我们的绘画不可能永远处于临摹作品的状态，最终都要走向创作阶段。所以任何固定的教程都只是引导一个方向，而不是唯一可以采取的创作方式。根据创作的风格及图纸效果要随时调整自己所选用的工具和绘画技巧才是真正的学习之道。

下面使用麦克笔绘制实例三，感受一下数码麦克笔和真实麦克笔的区别。

（1）使用书法笔绘制线稿图。书法笔的线条会有一些粗细变化，类似速写线条的笔刷，有好

图3-91

几种变体。线稿图完成后就可以开始用麦克笔上色（图3-92、图3-93）。

（2）使用平头麦克笔大致涂绘一下服装上的基本颜色。这种麦克笔涂色效果比较均匀，由于笔头方正，适合大面积的色彩涂抹（图3-94、图3-95）。

（3）继续进行涂色，主要是涂抹人体背光的投影部分。麦克笔使用重点注意的是不要复笔的次数过多，一开始就要想好运笔的方向及涂抹画面的起笔和收笔路径，尽量一次性成功，不要来回涂抹（图3-96）。

图3-92 　　　　　　　　　　　图3-93

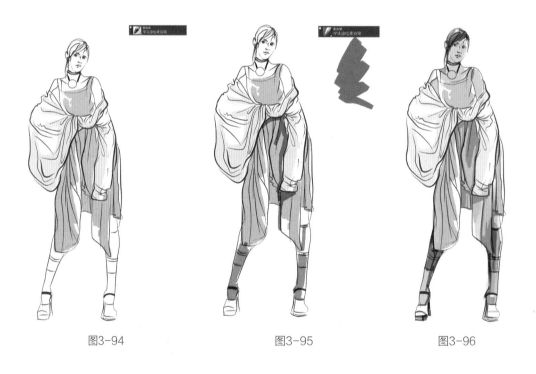

图3-94 　　　　　　　图3-95 　　　　　　　图3-96

（4）使用麦克笔进行绘制。设计麦克笔有多个版本，绘制效果方面在2015版CorelPainter里面更好些。我们可以在旁边空白处刷几笔观察一下它上色的感觉（图3-97）。其笔触特点为第一遍上色均匀，再次复笔可以把第一遍的色彩带起一部分，笔头为方形，适合刷面积。然后我们使用它进行绘制。在第一遍色彩层次的基础上覆盖第二层效果，笔刷的大小值可以改变，但通常不改变色相，只要用之前的颜色再次覆盖就可以加深了，覆盖次数越多颜色越深。这种情况是由麦克笔色彩属性决定的，这也是这种画笔不适合来回涂抹颜色的原因。

（5）使用圆头麦克笔绘制上衣外套上的条纹。"圆头麦克笔"透明度很好，适合画条纹和格子（图3-98、图3-99）。

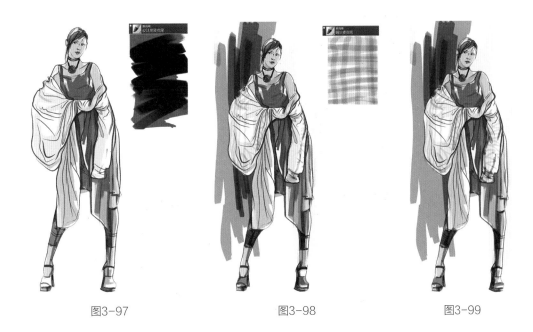

图3-97　　　　　　　　　图3-98　　　　　　　　　图3-99

（6）麦克笔因为色彩性质的原因不适合绘制过于复杂的图纸，其风格也多以简洁明快为主。选择大的方头笔刷快速概括地绘制一下背景（图3-100）。背景可以抽象一些，多数手绘作者都是以面积或者各种线条、几何图形等抽象形式来绘制的，旨在衬托人物，丰富画面色彩，把握构图平衡。

（7）如果觉得麦克笔绘制出来的效果有些简单了，可以再给人物的服装添加一些图案。关于添加图案，如果是纸面手绘则需要提前预留出来图案的位置，因为麦克笔是没有覆盖力的。除非用水粉或半透明水彩等色料进行覆盖。而使用电脑画图就简单多了，你随时可以对画面进行二次创作。这就是数码绘画优于传统纸面手绘的地方。在图纸基本绘制完成之后仍然可以随心所欲地添加一些效果。使用仿制笔工具做一些图案花纹在服装上，图稿就完成了（图3-101）。仿制笔的使用方法会在后续内容里讲解。

图3-100

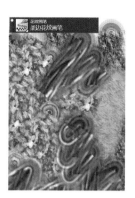

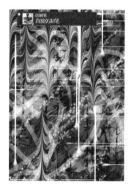

图3-101

五、粉笔工具、釉彩笔工具、数字水彩结合的效果

1. 粉笔工具

粉笔工具的混色效果、覆盖力和笔触都很突出。笔痕根据所选笔刷的笔头形状分为方形、圆形和三角形，绘制效果有明显差别（图3-102、图3-103）。三角形笔头形状较有特色，可以画尖角，也可以铺设面积，调小后还可以画线条。

另外笔刷库里面的"轻柔藤蔓炭笔2"的色彩融合效果绝佳，质感非常细

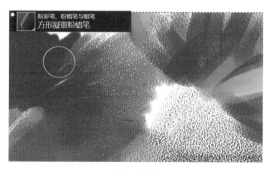

图3-102

图3-103

图3-104

图3-105

腻，也值得一试（图3-104）。

2. 釉彩笔工具

在CorelPainter笔刷库里面会把一些有透明感和拉丝质感的笔和喷溅质感的笔刷放置在釉彩笔的笔刷库中（图3-105）。例如釉彩—颗粒流量笔在绘画中会出现颗粒加线条混合的喷绘质感，在画面处理中这种肌理会令画面层次更加丰富（图3-106）。

下面用实例四体会一下粉笔、釉彩笔、数字水彩等画笔结合绘制的实际效果。

（1）使用2B铅笔绘制服装画线稿图。绘制的时候尽量线条要简单，有个大概的轮廓就可以了，因为粉笔工具和融合笔工具的绘制效果都会用于画一些相对写实以光影表现为主的作品。这种类别的画笔对于线条的表现不如钢笔工具、铅笔工具和向量笔。下面画的这张效果图是采用的写实风格，所以线稿图可以画得略概括一些（图3-107）。

（2）使用数字水彩工具绘制人物的主要色彩关系。这里使用的数字水彩里的"新简单晕染"画笔（图3-108）。这个画笔的感觉介于干湿之间，在使用其他画笔涂色之后用这支画笔按一定的方向涂开，笔触有一定的覆盖度，视觉感仍然是潮湿、自然晕染的融合效果。它与其他笔刷工具的融合度比较高，适合打底使用。画面局部需要覆盖的地方使用"粗轻柔粉蜡笔"，比如鼻子的投影和嘴角及下巴转折处都可以

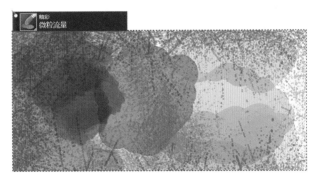

图3-106

图3-107

用这支笔，它和数字水彩的融合度也是比较高的，色块之间的衔接比较柔和（图3-109）。

图3-108

（3）脸上有直线型面积感觉的笔触使用的是画刀工具，选择"精细调色刀"，具体的数值可以在画笔调节器面板上进行部分调节。总之画刀工具干净利索的笔触可以呈现简单概括的感觉，不会太拖拉和油腻。嘴唇部分用到了彩色铅笔中的"覆盖彩铅"。在CorelPainter里面的彩色铅笔是种类非常复杂的一类笔刷，有油彩色铅笔、普通彩色铅笔、覆盖类彩色铅笔。

（4）粉笔工具在2019版合并在"粉彩笔、粉蜡笔、蜡笔"这个笔刷选项中。画面中女子的身体部分那些干燥且宽大的笔触效果使用的就是"粗轻柔粉蜡笔"。"粗轻柔粉蜡笔"的色彩覆盖性好，只需轻轻动笔，色量就足以覆盖住画面的任何其他色彩，这是它的主要特点。另外，使用这个笔刷包的笔刷时最好配合纸纹理面板里的各种纸纹。我们可以想象一下，在纸面作画时越光滑的纸越不容易上色，而越粗

图3-109

糙的纸张越容易挂住色料。所以，这个笔刷在使用时如果想出现和纸相得益彰的笔痕效果就一定要事先选择好纸纹。这也相当于准备了合适的绘图纸。如果喜欢粗犷一些的风格，就按图3-110所示，选择"沙质粉蜡笔纸"。

（5）头发的部分使用数字水彩里面的另一只画笔"粗糙水笔2"（图3-111）。这支水彩笔的颗粒相对较粗，覆盖力也比较好（图3-112）。然后配合使用"新简单晕染"画笔来进行晕染，晕染效果有叠加的层次感和笔触方向，头发的深浅明暗关系得以体现（图3-113、图3-114）。晕染值和湿边效果可以根据需要进行设定。由此可见这个软件开发的工程师是对传统纸面水彩非常有心得体会的人。绘制效果感觉非常棒，堪比真实绘画的感觉（图3-115）。

粉笔、油画棒等笔刷最好配合纸纹理面板使用

图3-110

图3-111

图3-112

图3-113

图3-114

图3-115

新简单晕染画笔可出现水印叠压的效果，可以添加在局部需要增加叠笔层次的地方。绘画是个复杂的过程，随机性也比较大，用一种笔触画到底的情况毕竟不多，这就需要个人慢慢去体会了。

（6）这个步骤里其实还使用了釉彩笔里面的"釉彩平头"画笔，它非常透 明，主要是用来做叠加使用。如图3-116所示的空白处有一个叠加的示例图。每支画笔具体运用在画面的哪一个部位，有时非常随机，只有经常性地进行绘画练习才会积累更多经验，才能够自如地去使用一些不同性质的画材进行结合。尽管这些结合的画面面积不多，每个层次的视觉感觉也并不那么明显，但积少成多，最终画面会逐渐丰富起来。这种绘画感觉不是学习软件就能解决的事情，需要认真体会和揣摩，所谓"技法是简单的，感觉是复杂的"就是在说这个道理。画面中类似沙尘的颗粒状效果使用的是喷笔工具里的"粉状喷溅"（图3-117）。

图3-116

图3-117

（7）釉彩笔里面有一种非常有趣味的颗粒画笔，它是"微粒流量"画笔。画面上那些在灰色图层上面与小颗粒肌理混合在一起的效果使用的就是这支画笔。"微粒流量"画笔的使用既有喷绘的感觉却又不过分柔和，保持了颗粒和线条感，喷射颗粒的方向需要自己慢慢体会，达到的效果如图3-118所示，喷绘时可以选择不同明度和色相的色粉进行多次喷涂覆盖，产生朦胧的美感。

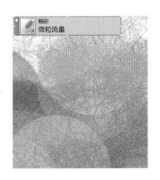

图3-118

（8）色粉喷得多了就太朦胧，画面还是需要一些虚实对比的。一些需要肯定的线条和色彩可以选择有一定硬度的画笔整理回来，比如粉彩笔、粉蜡笔与蜡笔里的"钝头炭铅笔"、铅笔里的"覆盖铅笔"都是不错的选择（图3-119）。这些笔刷的线条和色彩都有一定的尖锐度和覆盖力，能有效地将人物细节部分画出来。比如眼睛的眼线和眉毛就是使用了覆盖铅笔。

图3-119

（9）最后整理阶段还要重复用一些画笔修补漏洞。可以使用"放大缩小工具"切换画面看看是否还要添加一些效果。整理阶段其实也是"去粗取精"的阶段，需要有一定的决断能力舍弃一些过于跳跃的花哨效果，做到变化中的和谐统一（图3-120）。

图3-120

（10）人物的额头位置用到了另一种画刀工具"涂抹调色刀"（图3-121），这个画刀工具用于收尾阶段统一画面比较有效，笔触很概括，可以很好地找到面积感觉，手感和用真实油画刀一样，可以把厚重的地方刮薄，透出下层颜色（图3-122）。

图3-121

图3-122

（11）使用覆盖铅笔工具画一下花朵的 边缘（图3-123）。另外，可以修改一下纸的纹 理，选择中粗肌理的纸张就容易挂住铅粉了（图3-124）。

（12）作品完成（图3-125）。一般来说绘制作品完成以后都有个后整理阶段。例如可以把作品转存到Photoshop里面去修正一下色彩、色阶、曝光度等。也可以添加一些其他特效。图3-125所示的效果就是最后到Photoshop里面添加了一些光源特效，修正了色阶的作品。

图3-123

图3-124

图3-125

六、纸张材料库和自定义笔刷

1. 纸张材料库

CorelPainter绘画软件中的粉笔、釉彩笔、油画笔、油蜡笔、彩色铅笔等是有一定硬度的笔刷，在绘画过程中都对纸张的配合有比较高的要求（图3-126）。在使用这些笔刷工具绘图时要特别关注"纸张材料"库的使用（图3-127）。因为同一支笔刷更换了纸纹理后，其绘制效果会有极大的变化。因此我们在日常经验的积累过程中需要多做笔触和笔感的尝试。

想要实验纸张效果，可以先建立一个试纸文件，然后更换不同的纸纹理观察同一种笔刷运笔的效果，感受其中的差别，将符合自己愿望的画笔效果记在心里；也可以根据个人喜好在"笔刷编辑器"里面进行微调，然后保存为自己的常用自定义笔刷（图3-128）。

图3-126

图3-127

图3-128

2. 自定义笔刷

　　我们在浏览一些优秀作品时，常看到很多插画师的画风都非常稳定。这是因为当他们熟悉了一类笔刷的绘画效果后，就会根据自己的绘画风格把原本分属不同介质的笔刷统一放入自己独有的笔刷库中，这样在遇到需要绘制类似效果时就可以很方便地将这些笔刷提取出来使用了（图3-129、图3-130）。

图3-129

七、画刀工具的使用技巧

　　画刀工具可以模仿真实调色刀的刮痕和纹理效果，多数情况下都是需要先由其他画笔上色后再做刮擦效果（图3-131）。画刀经常配合使用的工具有釉彩笔、油粉笔、碳粉笔、油画笔、艺术家画笔等。

　　下面我们通过绘制人物的肖像来说明画刀工具的使用方法。

　　（1）使用2B仿真铅笔绘制

图3-130

图3-131

人物线稿图，然后将其单独放置在图层的最上方（图3-132）。如果在画的过程中乱笔比较多，可以在画完草稿之后使用CorelPainter里面的描图纸工具重新描一遍。描图纸工具相当于一个电子拷贝台，用它描出来的线稿图可以非常干净。

　　描图纸工具的使用方法，先将绘制的线稿文件打开，然后选择文件菜单里面的"快速仿制"命令，视窗中就会出现一个一模一样的线稿文件了（图3-133）。这个线稿文件是可以设置描图纸的。在之前的一些版本中如CorelPainter8、CorelPainter9及CorelPainter11中描图纸快捷图标会在文件右侧的文件边框中，而新版的CorelPainter则将这一部分去掉，直接集成在了"照片美化"面板中。如图3-134所示，仿制来源下的选项中有"显示仿制来源影像"和"切换描图纸"。我们勾选"切换描图纸"选

图3-132

图3-133　　　　　　　　图3-134

项，然后就可以调节描图纸的透明度，一般调节到85％，这样画面既可以看得清楚又不会被杂线困扰，视觉上比较清爽（图3-135）。接下来选择自己习惯使用的画笔描图就可以了。

（2）使用描图纸工具将线稿图描好之后就可以进行上色。上色之前最好先复制一幅线稿图层备用，避免不小心上色的时候把线稿图破坏了。备用的线稿图放在底层。打算上色使用的线稿图放在顶层。

（3）由于是实验使用"画刀"工具，所以这张肖像图优先使用油画笔工具给

图3-135

人物上色。众所周知，最先在绘画中使用刀具的画种就是油画了。为了能让大家体会到CorelPainter中画刀工具的使用乐趣，这里就先使用油画笔上色，然后使用"画刀"工具进行刮擦。油画笔笔刷工具里面大约有20多种变体，可以根据绘画风格选择相应的油画笔铺色。首先选择的是"短仿真扇形"和"轻柔仿真扇形"油画笔（图3-136、图3-137）。这两种笔刷比较大，油彩也比较饱满。因为绘画的开始阶段都是铺设大面积色调，所以就选择了这种大号的油画笔。画的时候可以放松一些，注意大的色调关系就行了。细节可以之后再慢慢刻画。

图3-136

图3-137

（4）油画笔工具涂完大色调后就可以尝试使用画刀工具了。首先使用的是2019版里的"刷式画刀"工具（图3-138）。刷式画刀工具本身是可以上色的画刀，刮擦出来的颜色透明且自带刮痕效果（图3-139）。

（5）干调色刀可以把脸部的皮肤刮擦得细腻且具有平滑的质感（图3-140）。这个调色刀也可以用到其他需要细腻质感的地方（图3-141）。另外在这个步骤也用到了其他刀具，比如普通油画刀和尖头油画刀等。

①油画调色刀，有一些模糊混油的效果。随着刀刮的方向，颜色也出现方向性扩散（图3-142）。

图3-138

图3-139

图3-140

图3-141

图3-142

②尖头调色刀，笔痕会出现如同羽翼般的形状特征，边缘会出现较深的色彩，色彩的方向性比较强（图3-143）。

（6）最后仔细刻画饰品和服装的质感等细节。这些部位所用的笔刷就比较复杂了，因为有各种质感需要去表现，例如头上戴的金属头箍、镶嵌的宝石、耳环和项圈等。这些物体的绘制需要多种工具结合使用，要用到前面讲述的彩色铅笔、油粉笔、孔特粉笔、融合笔等工具（图3-144、图3-145），最终完成效果如图3-146所示。

图3-143

图3-144

图3-145

图3-146

使用画刀工具主要是将之前笔刷刷出的部分油彩做出不同的笔痕和刮擦效果。有的时候也作为调和交融色彩使用。所以，大多数情况下只使用画刀工具不可能完成一张完整的绘画。作品后续绘制的处理，细节的处理都需要其他工具的加入和辅助。比如五官的细节处理会使用到"覆盖铅笔"工具，服装闪光的亮片部分会使用到"融合笔"工具等。

八、喷笔、向量笔

1. 喷笔

喷笔也叫作喷枪，它的绘画效果特别柔和，很多时候可以使用它来画女孩子的皮肤，或者一些需要平稳打底的地方。喷笔的笔刷库推荐使用 CorelPainter12 版本，这个版本的绘制体验比较好，笔刷种类多、压力和色粉喷涂效果也比较容易掌握（图3-147）。

图3-147

图3-148所示的画面是"数字轻柔速度喷枪"的绘制效果。

2. 向量笔

向量笔Painter12和X3版本里植入的一款笔刷，属于硬笔类，种类十分丰富，集合了竹笔、书法笔、蘸水钢笔、针管笔等图线效果画笔工具（图3-149、图3-150）。笔刷库内含的几款向量笔的视觉类似针管制图笔但又加入了一点湿边的感觉，具体值可以自己调整。2019版的CorelPainter向量笔的种类发生了部分改变，其中"可塑向量笔"的绘制效果还是很不错的，线条纤细有弹性。对于喜欢细腻画风的作者来说是一支非常值得拥有和尝试的笔刷工具（图3-151、图3-152）。

下面做一个实际范例，用喷笔和向量笔绘制一幅古代仕女工笔画。这个方法可以用来画一些具有古典味道，风格细腻的插画。在服装画里面适合表达丝绸和轻柔质感的面料。

（1）打开CorelPainter2019，然后新建立一个空白文件。用铅笔工具简单地将人物的造型框架画出来，这里使用的是仿真2B铅笔。这个仿真铅笔比起普通铅笔多了一个"虚边延展"的效果，类似侧锋用笔，笔触比较强硬果断（图3-153）。

（2）深入刻画线条，调整好图层，画完之后最好重新描一遍。用鼠标或者数位板徒手绘制这些线还是很费劲的，之前的草稿难免显得脏乱。这样就用到了描图纸功能。

图3-148

图3-149

图3-150

图3-151

图3-152

图3-153

（3）使用克隆命令，克隆出一幅相同的图稿。然后在窗口菜单打开"克隆源面板"（有的版本为"仿制源"），勾选描图纸（图3-154），然后就可以在这里设置描图纸的透明度了。一般是设置为半透明状态，方便大家描图。这个感觉和真实地使用拷贝台描图的感觉差不多（图3-155）。

描图纸与仿制克隆是Corel-Painter软件提供的一项文件描图功能。在前边的"画刀笔刷"的教程里简单叙述过它的使用方法：先把

图3-154　　　　　　　　图3-155

需要描摹的草稿图打开，基本修整干净。然后鼠标点击文件菜单下的"克隆"或"快速克隆"命令，我们会发现电脑工作区自动生成一个和原来图稿一模一样的图纸。这幅图就是按照原来的图纸自动拷贝出的一张图稿。"克隆"和"快速克隆"的区别在哪里呢？使用"克隆"命令是将原来的图稿保留在旁边，可以相互参照进行描摹；而使用"快速克隆"命令则只留下克隆后的图稿，原稿就不再显示了。这就是两个命令的区别。

（4）进入描图的阶段。工笔画描图是十分复杂又需要耐心的过程。一些短的线条在用绘图板绘制的时候还基本能把握，但一些长的线条

向量笔刷

向量笔向量线工具

图3-156

就需要借助另一个工具了。这个工具就是"向量笔向量线工具"（图3-156）。

"向量笔刷"和"向量笔向量线工具"是有区别的。"向量笔向量线工具"画出的线条是真正的向量性质，是可以通过节点调节的；而笔刷库里的"向量笔"只是模拟向量线效果，绘制出的只是普通线条，不能调节。

使用向量工具，点击鼠标找到描点，然后使用向量选择工具里的"转换点工具"调节节点找到合适的曲线（图3-157）。通过按鼠标右键转换为图层，就可以得到合适的墨线了（图3-158）。

图3-157

图3-158

向量图形和线条的使用比较复杂，在CorelPainter中有一个专门的菜单提供给大家使用。具体功能还是要慢慢琢磨才可以融会贯通。调节方法和Photoshop里的钢笔路径工具类似。

移动复制的方法，在工具栏选择图层移动调整工具，鼠标点选要移动的线迹，左手按住键盘"Alt"键不要放，移动鼠标方向就可以得到复制出的头发丝了。这个方法也适用于其他需要移动复制的图形。

（5）并不是每一根头发都需要调节，可以将相同走向的头发汇成一组，然后使用"移动复制"命令就可以复制出一组相同的头发丝（图3-159'）。复制完可以再做局部的方向调节。当然无论怎么做，描线都是需要耐心和毅力的，画这类插图就不能怕麻烦。

（6）图纸不是所有地方的线都必须使用向量工具，一些本来就柔软有虚实感的线也可以使用向量笔刷将它们描出来，比如这张图其他部分使用的是"可塑向量笔"笔刷。眉毛、睫毛、鼻子、嘴唇使用笔刷库中的各种向量笔描绘，会有更多的虚实变化。图3-160是通过使用以上工具描好的线稿图。

（7）将人物的线描图绘好后就可以开始上色了。为了体现仿古的绘画效果，在上色之前先新建一个宣纸图层，宣纸纹理在网上有很多，可以自己去下载一个，然后将这个纹理进行填色，找到自己希望的颜色执行"编辑—填色—确定"（图3-161）。

图3-159　　　　　　　　　图3-160　　　　　　　　　图3-161

（8）平铺一个透明的肤色。具体步骤是先新建一个肤色图层，然后使用选取工具选取要上色的皮肤区域。在色彩调板中选择合适的肤色按"编辑—填色—确定"（图3-162）。

不透明度最好调整一下，这样会有透明感。

（9）使用同样的方法来填充头发的颜色，头发的色彩最好填充在新建的图层上，与人物的皮肤分开图层染色（图3-163）。工笔画的特点就是层层晕染，所以在后续的填色过程中我们也会根据这个特点把不同方式做出的染色效果放在不同的图层上。一方面方便在同一性质的图层上做相同性质的深入绘画，另一方面也方便在后续的效果制作中做出不同图层的叠压效果。

（10）继续渲染头发。新建图层进行不同墨量和色彩变化的渲染，渲染过程主要使用的是喷笔（数位喷笔2），这种笔刷相当柔和，可以一遍一遍地叠加喷绘染（图3-164）。CorelPainter里面的图层虽然不如Photoshop里的灵活多变，但目前的种类也基本够用了。反复喷涂喷笔的色墨，头发的效果就逐渐出来了。

图3-162

图3-163

图3-164

喷墨的时候注意留出高光的位置；头发可以分不同图层喷不同的墨色，比如东方人的发色较深可以分为黑色、黑灰、深棕、浅棕等几个层次表现。

（11）人物脸部的绘制和头发的绘制步骤是一样的，也是要多分几个图层一层一层地去喷涂，不能怕麻烦。主要的层次为：底色—阴影—过渡—受光—高光。喷笔也需要换几种，主要为"细节喷枪"和"数字轻柔速度喷枪"。其实很多喷笔都很好用，需要根据实际效果分别选用，具体实施要结合效果和绘画风格来定（图3-165~图3-167）。

面部细节刻画很重要，使用"细节喷枪"和"数字轻柔速度喷枪"来绘制眼睑、鼻根、鼻翼、眉毛等部位（图3-168、图3-169）。一些柔和过渡的部位可以使用"数字柔和渐变喷枪"，这支笔的喷洒颗粒和笔压可以根据需要在属性栏进行调节。

图3-165　　　　　　　　　图3-166　　　　　　　　　图3-167

图3-168　　　　　　图3-169

（12）人物面部的其他细节可以使用"覆盖铅笔"强调一下。比如眉毛、睫毛、眼睛瞳孔还有面部的一些高光。"覆盖铅笔"顾名思义就是可以叠加色彩的铅笔，色粉具有比较好的覆盖力。把以上部位的细节描完就可以绘制领子、领边缘图案、头饰、耳饰和其他装饰（图3-170~图3-172）。这个过程要用到其他的笔刷，但这些不是我们这个范例的重点，就不多加赘述了。

图3-170　　　　　　　　　图3-171　　　　　　　　　图3-172

（13）添加服装面料。可以分别添加两种不同颜色的面料在服装上（图3-173）。这里的服装面料是使用Photoshop软件，利用现有素材直接进行面料填充的。如果要使用CorelPainter来实现面料的填充，则需要事先自定义一部分素材在素材材质库中，也可以使用图案笔或者克隆笔来添加。图案笔及克隆笔的使用放在后面的教程里讲解。

（14）按照绘制人物的方法绘制背景，步骤仍然是平铺—分色—叠加—统一色调（图3-174、图3-175）。

图3-173

图3-174

图3-175

（15）对人物服装，由于上色等问题被遮盖的线条进行一遍复勾，主要方法就是使用向量工具再描一遍（图3-176、图3-177）。如果不习惯使用CorelPainter里的向量工具，也可以储存为.psd文件调到Photoshop软件里使用钢笔路径工具进行再制作。个人感觉Photoshop的调色和分层效果比较好，想要制作出更好的画面特效，Photoshop

图3-176

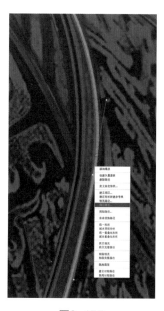
图3-177

的编辑功能肯定要比只是绘画性能优越的CorelPainter好很多。

调节一下画面，补充一些细节这张作品就完成了（图3-178）。和传统纸面手绘的工笔画比较一下，仿真度已经很高了。

九、艺术家画笔、亚克力画笔的使用

1. 艺术家画笔

艺术家画笔（Artists）是CorelPainter软件中一种非常有创造性的画笔，2019版中其变量列表框中提供了六种画笔变量，每一种画笔变量生成的效果都很有特点，这些画笔变量均是模拟世界知名绘画大师的绘画风格创建的（图3-179、图3-180）。使用该画笔可以轻松再现具有大师风格的艺术作品。

2. 亚克力画笔

亚克力画笔（Acrylics）又称为丙烯画笔，综合了水彩颜料和油性颜料的特点，可薄可厚。绘制的时候很容易出现各种笔触的效果，属于速干颜料。颜料的附着力很强，只是在绘制晾干后会有部分色彩发生深浅变化。

这幅时装画图例的绘制中主要运用了艺术家画笔和亚克力（丙烯）画笔的结合。艺术家画笔中使用了"萨金特"笔刷这个变量，丙烯画笔里主要使用了厚涂效果的块状笔刷和干鬃毛画笔，实际的绘制效果笔触还是很有力度的（图3-181、图3-182）。

风衣衣摆部位绘制的时候添加使用了"湿油性调色刀"笔刷（图3-183），它可以把堆积出的色彩刮出笔触，展现出利落快速的笔法，在男装的绘制中展现出较为强硬的风格特征（图3-184）。

此幅作品中服装的一些边缘特征和线面结合部分使用了亚克力画笔中的"干鬃毛"笔刷。这种笔刷属于干介质画笔，可以用来干扫一些笔触，也可以绘制比较短的结构线。因为它的特点是色料比较干，所以拉长的幅度有限，太长的笔触通常难以完成（图3-185）。

图3-179

图3-178

图3-180

图3-182

图3-181

图3-183

这幅画的背景笔触使用的是数码水彩里的"数字宽水彩"（图3-186）。这种笔刷比较适合画背景类的效果，笔头宽平，色彩轻薄，视觉上比较轻松。

图3-184

十、油画笔

CorelPainter里面的油画笔工具（Oils）也是非常好用的一种仿真画笔，画过真实油画的朋友一定会有这种体会。油画颜料的混油质感及其他色料无法比拟的高饱和度、高纯度色相表达，一直都是大家迷恋这种画材的原因之一。CorelPainter软件中的这种仿真

图3-185

图3-186

油画笔笔刷库共有20多种变体，组合起来表达画面的能力可以基本上还原真实布面油画的90%，还是相当吸引人的（图3-187）。

使用油画笔时可以使用混色器面板来手工调色，这样做更有绘画乐趣，而且部分"脏"颜料的使用，会让画面更有传统油画的色彩层次，也就是绘画中我们一直追寻的"高级灰"色调（图3-188、图3-189）。这种灰色调通过手工调色获取比在取色器和色彩调板里面寻找色标要容易。

在使用油画笔的过程中，还需要注意两点。

图3-187

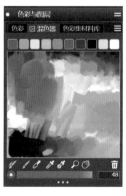

图3-188

图3-189

一方面是它毕竟是软件不是真的布面油画，尽管油画笔刷库里面的变体有很多，但是有些效果还是不能想当然的出现。比如想混合色料，只能通过湿油画笔搭配干笔覆盖及轻柔刷涂（图3-190、图3-191）。但有时仍然是不能完全表达出

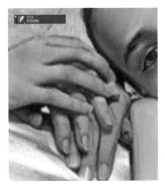

图3-190　　　　　　　　图3-191

效果的，所以局部可以使用"画刀工具"，另外还可以使用"调和笔"工具等，调和笔（混色笔）工具在之前的教程里主要配合了油粉笔和油性彩铅等工具使用过。在实际使用中调和笔还可以配合多种画材，与油画笔工具的配合效果也很棒，可以把油彩上下色层的色料混合，呈现湿润的薄画效果。

另一个方面就是要配合纸张材质的选择。CorelPainter里面的织物素材仅是来填充肌理和花纹图案的，所以画布并不能从那个材质库设定。能够与笔刷配合的底纹材质只能从纸张材质库获取（图3-192）。如果想画细腻的效果就选择细腻的小网格纹理，如果想画粗放的效果就选择大网格或者木纹等肌理的纸纹。这幅画放大后可看到额头上有类似画布的网纹以及墙壁上

图3-192　　　　　　　　图3-193

粗涩的墙皮质感，都主要依赖于纸张材质的选择（图3-193、图3-194）。如果纸张材质库的纹理不足以满足要求，其实可以自定义添加新的纹理，由于本书篇幅有限不在这里赘述，最后完成效果如图3-195所示。

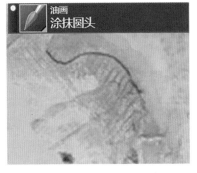

图3-194

图3-195

十一、克隆笔与克隆源的使用方法

克隆笔与仿制笔是指同一个笔刷库，只是在不同的版本里翻译出来的中文名字略有不同。这种笔刷的主要功能就是可以方便使用现有素材或素材库仿制图片或图案花纹效果（图3-196）。仿制笔的笔刷库中本身就有20多种变体，加上前期版本中的一些笔刷也能使用，可以说它的库存是相当丰盛的，尤其对于不喜欢徒手画图案和复杂造型的人来说这相当于是个"福利库"。可以先设定好克隆源（仿制源），然后只要选择不同风格的画笔就可以将这个克隆源的图形以所选画笔的风格绘制在画面上，既可以写实也可以写意，可以说相当方便（图3-197、图3-198）。

图3-196

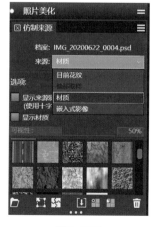

图3-197

图3-198

　　下面以一个实例说明克隆笔的用法。

　　（1）先拿出一个需要上色的线稿图。然后单击窗口，将仿制面板拉到桌面上。之前的版本叫作"克隆源"，在新版里的名称是"仿制源"。面板即"照片美化面板"。然后还可以把材质库面板也拉到桌面上（图3-199）。

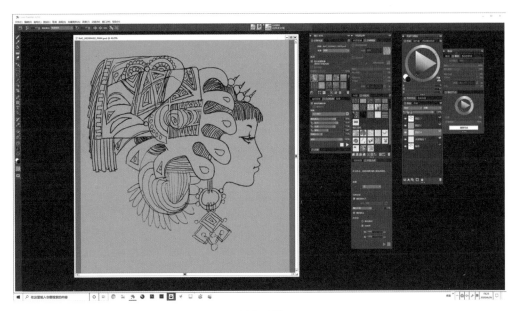

图3-199

　　（2）新建一个图层，然后选择一个"直接仿制"克隆笔。这个笔刷可以一模一样地仿制，比较直观，方便大家看清楚。然后打开"图片美化面板和材质库面板"，在材质库里选一个黄色的古旧"羊皮纸"素材。然后在选项那里勾选"显示材质"（图3-200）。很多初学的朋友都是在这里产生困惑的，明明选了材质，但仿制却完全画不出任何颜色。当把材质选择可见，就看到这个材质是在左上角的一个小角落里，如图3-201所示。也就是说仿制笔只有在那个角落才可以仿制出颜色，人物的面部和其他位置是根本无法覆盖上素材的。下面我们来实现仿制源和人物的贴合。

图3-200

　　（3）在选项面板中勾选"显示来源影像"跳出克隆源对话框。是一个拥有透明背景的素材文件（图3-202、图3-203）。

　　（4）使用移动工具将素材移动到相应的位置上（图3-204）。这个素材图像的位置与我们所绘制的画面

图3-201

图3-202

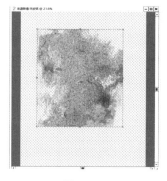

图3-203

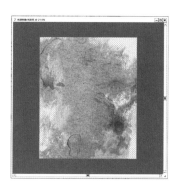

图3-204

位置是相对的，可以按照大致的比例关系放置也可以使用变形工具进行编辑。这时会出现提示对话框询问是否要改变克隆源。如果不改变就关闭对话框回上一步；改变就按"确定"继续下一步（图3-205）。

图3-205

（5）素材大小调节完成后会自动跳出询问对话框，上面共三个选项可以选择：建立新档案；更新现有材质；舍弃被改的结果（图3-206）。

我们选择建立新的素材，这样做过变更的素材就会被保存在素材库里，方便以后再做同样的图时调用（图3-207）。此时我们看到刚才的画面被附上了材质（图3-208）。

（6）接下来就可以使用克隆笔（仿制笔）进行绘制了，笔刷经过的地方纹理就被画到了纸面上，还可以根据画面要求更改图层样式，

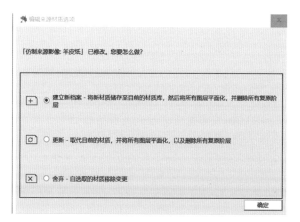

图3-206

直到得到自己想要的效果。这次克隆图层使用的图层样式是"胶渲染"（图3-209、图3-210）。

（7）用同样的方式在人物的头后克隆了一朵红色的花朵（图3-211、图3-212）。克隆花朵选择的是"喷涂仿制笔"，仿制效果如同喷笔那样，可以喷出颗粒效果。也就

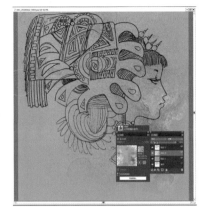

| 图3-207 | 图3-208 | 图3-209 |

| 图3-210 | 图3-211 | 图3-212 |

是说，只要控制好克隆源的样式和它的位置，那么克隆笔就决定着可以绘制出哪种风格的画。可以是水彩、水粉、油画、丙烯，甚至油毡笔、马克笔都是可以的。

　　其他非克隆笔笔刷多数其实也是有克隆功能的。我们会发现每次使用克隆画笔的时候颜色面板都会变成灰色，它旁边还有个类似橡皮图章的小图标（图3-213），这实际是个"小机关"，按一下就会变成彩色，再按一下就变成灰色，通常变成灰色的时候，普通笔刷会具有克隆笔功能，但不是所有笔刷都可以。

　　（8）再次更换克隆源的位置并更改大小。使用克隆笔做一些效果并配合其他画笔工具简单进行勾画，这样演示的结果就如图3-214所示。

　　（9）如果希望做出更多效果，还可以使用"材质绘制面板"，它里面还有一些"数值"是可以改变的，如可以做出"反向"的素（图3-215）。另外，还可以更换其他样式的克隆笔来体验一下，各种效果都很精彩，也很有趣味性（图3-216、图3-217）。这个工具如果使用得当，可以为画面增添很多意想不到的效果。

　　CorelPainter的确是一款非常优秀的绘画软件，结合了目前市面上比较流行的各类

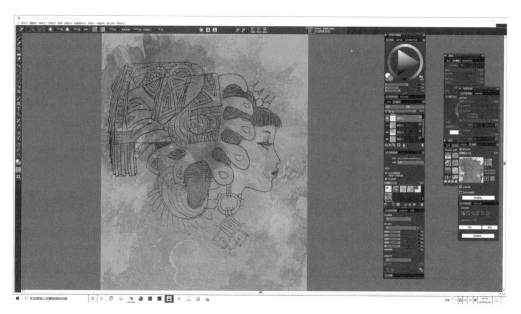

图3-213

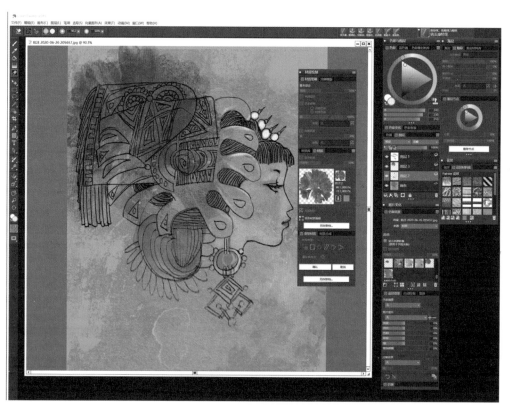

图3-214

图3-215

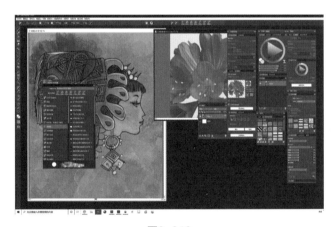

图3-216　　　　　　　　　　　　　　　　　　图3-217

绘画工具，它优秀强大的绘画功能不是通过简单的一些图纸绘制或图例说明就能完全掌握的。CorlPainter是全球数字绘画家和优秀插画师的首选软件，在这里我们只截取了其中一小部分常用的笔刷或比较有特色的笔刷做出一些粗浅说明。具体实践还需要大家自己多练习、多总结，根据个人风格和绘画体验确定攻关方向。

本章小结

- CorelPainter的操作界面与工作区设定。
- CorelPainter取色器与混色器的使用。
- CorelPainter笔刷库详解。
- CorelPainter各种材质库使用方法。
- 时装画常用笔刷及绘制效果实例讲解。
- 克隆源与克隆笔的特性及使用方法。
- 各种不同介质笔刷的配合运用。

思考题

1. 普通铅笔工具和彩色铅笔工具有何区别？是否可以利用仿真铅笔绘制素描画？绘制技法与纸面手绘的区别是什么？

2. 数字水彩与常规水彩有何区别？数字水彩中各种水彩笔刷的效果是怎样的？数字水彩在绘画过程中需要进行晾干处理吗？

3. 马克笔技法表现中应该注重线条的处理还是色彩的处理？线条排列时应注意哪些问题？

4. 粉笔工具和油画笔工具绘制时需要注意哪些问题？不同纸张选择相同笔刷的效果是否有区别？同一幅画在绘制时是否可以更换纸张纹理？

5. 不同介质的笔刷是否可以在同一种图层上使用？

6. 怎样使用描图纸工具进行描图？描图纸的透明度如何设置？

7. CorelPainter中的向量描图工具是哪种工具？如何调节线条的形状和平滑度？

8. 如何运用各种不同属性的笔刷相互配合，完成不同风格的插图创作？相互配合使用时需要注意哪些问题？

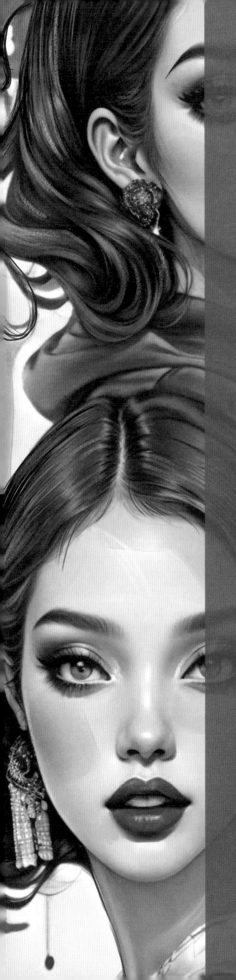

作品赏析

| 第四章 |

电脑时装画临摹与欣赏

课题名称：电脑时装画临摹与欣赏

课题内容：1.时装画人物头像

　　　　　2.时装插画

　　　　　3.时装画表现

课题时间：2课时

教学目的：Photoshop和CorelPainter的综合运用

教学要求：教师课堂一对一辅导，完成主体性创作

课前课后准备：课前要求学生准备好上课使用的素材、资料，课后
　　　　　　　完成老师留下的主题性创作。

第一节　时装画人物头像❶

图4-1

图4-2

图4-3

图4-4

---

❶ 作品欣赏及书中未标明作者姓名的作品均为本书作者原创，若需使用或转载请注明出处。

第二节　时装插画

图4-5

图4-6

图4-7

图4-8

图4-9

图4-10

图4-11

图4-12

图4-13

第三节　时装画表现

图4-14　　　　　　　　图4-15　　　　　　　　图4-16

图4-17　　　　　　　　　　图4-18

图4-19

图4-20

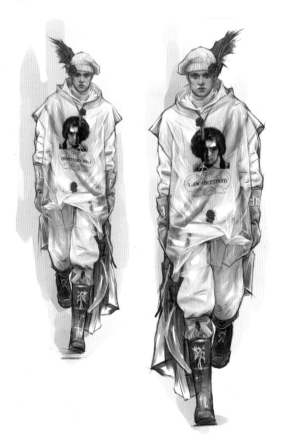

图4-21

图4-22

图4-23

图4-24

图4-25

图4-26

图4-27

图4-28

图4-29

图4-30

图4-31

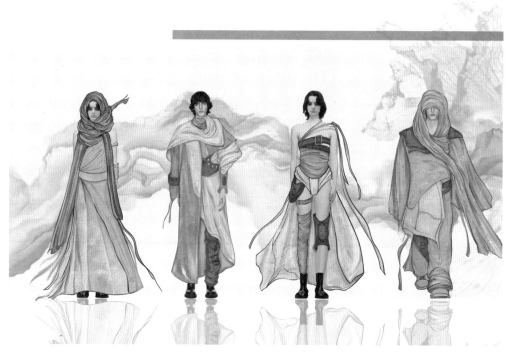

图4-32

图4-33